S Nithya Lavanya

Métodos de modulação por largura de pulso de espetro alargado

S Nithya Lavanya

Métodos de modulação por largura de pulso de espetro alargado

Para accionamentos de motores de indução controlados por vetor

ScienciaScripts

Imprint

Cover image: www.ingimage.com

This book is a translation from the original published under ISBN 978-3-639-71503-3.

Publisher:
Sciencia Scripts
is a trademark of
Dodo Books Indian Ocean Ltd. and OmniScriptum S.R.L publishing group

120 High Road, East Finchley, London, N2 9ED, United Kingdom
Str. Armeneasca 28/1, office 1, Chisinau MD-2012, Republic of Moldova, Europe
Managing Directors: Ieva Konstantinova, Victoria Ursu
info@omniscriptum.com

Printed at: see last page
ISBN: 978-620-8-61172-9

Conteúdo

RECONHECIMENTO

Gostaria de agradecer ao meu marido**, o Dr. M.V. Srinivasan**, que é a única razão da minha carreira docente. O seu encorajamento para obter as mais altas qualificações num país e numa sociedade é admirável. As orações dos meus pais ajudaram-me em muitos aspectos da minha vida. O seu forte sistema de valores e a sua crença no Todo-Poderoso e nos seus caminhos são os alicerces sobre os quais assenta a minha vida e têm sido a razão pela qual consegui ultrapassar todos os obstáculos com facilidade. Em suma, o amor incondicional dos meus pais tem sido a força motriz da minha vida. Não existo sem eles e, por isso, são a razão do meu sucesso em todos os empreendimentos.

A minha gratidão extensiva e sincera à **M/s. SCHOLARS' PRESS,** PUBLISHERS.

Agradeço a Deus por me ter dado todas estas jóias na minha vida.

Dr. S. Nithya Lavanya

PREFÁCIO

Nos últimos anos, o inversor de fonte de tensão com modulação de largura de impulso (PWM-VSI) está a tornar-se popular em aplicações de variadores de velocidade devido ao controlo interno da tensão e da frequência no inversor. Para regular a tensão e a frequência, são desenvolvidos vários métodos PWM para accionamentos alimentados por VSI. Para gerar o padrão de impulsos para accionamentos alimentados por VSI, existem principalmente duas abordagens, nomeadamente, a abordagem digital (abordagem de vetor espacial) e a abordagem de comparação de portadoras. Na abordagem digital, os tempos de comutação são calculados e enviados para os contadores, que geram os instantes de comutação. Por outro lado, na abordagem por comparação de portadoras, o sinal de referência ou de modulação é comparado com um sinal portador (normalmente um sinal triangular) e os pontos de intersecção determinam os instantes de comutação dos dispositivos inversores. Entre estas duas abordagens, a abordagem de comparação da portadora está a ganhar importância devido à sua implementação mais simples.

Os sinais de modulação podem ser gerados através de uma abordagem de vetor espacial ou de uma abordagem de comparação de portadoras. No entanto, este livro centra-se apenas na abordagem por comparação de portadoras. No trabalho proposto, utiliza-se uma abordagem escalar simples, na qual, variando uma constante, se derivam os sinais de modulação do método PWM de vetor espacial (SVPWM). O SVPWM proporciona uma boa qualidade de forma de onda a índices de modulação baixos e médios. Por outro lado, produz mais ruído acústico devido às grandes amplitudes dos harmónicos nas frequências de comutação e à volta destas. Para ultrapassar este problema, os espectros harmónicos devem ser espalhados, o que resulta numa redução do ruído acústico. Para ultrapassar este problema, foram introduzidos mais tarde métodos PWM aleatórios para obter espectros espalhados. Neste livro, são propostos vários métodos PWM aleatórios.

No trabalho proposto, são propostos diferentes métodos PWM aleatórios, tais como métodos PWM aleatórios de frequência fixa e de frequência de comutação variável, para accionamentos de motores de indução. Os métodos PWM de frequência fixa podem ser obtidos quer através da aleatorização do sinal de referência, conhecido como método PWM de referência aleatória (RRPWM), quer através da aleatorização do sinal portador, conhecido como método PWM de portadora aleatória (RCPWM). Do mesmo modo, os métodos PWM aleatórios de frequência de comutação variável podem ser obtidos quer variando a frequência de comutação, conhecida como frequência de comutação variável PWM aleatório (VSF-RPWM) ou método PWM de frequência de comutação variável aleatória de portadora aleatória (RCRVSFPWM).

Os métodos PWM aleatórios baseados na portadora acima referidos podem ser aplicados a qualquer nível de inversor. Em aplicações de pequena potência, normalmente é utilizado um inversor de 2 níveis. Por outro lado, os inversores multinível serão utilizados para aplicações de média e alta potência. No entanto, no inversor tradicional com fixação por díodos ou por condensadores ou no inversor em ponte-H existem alguns inconvenientes, tais como flutuações do ponto neutro, desequilíbrio dos condensadores, mais fontes de tensão, etc. Para ultrapassar estes inconvenientes, o trabalho proposto centra-se na configuração do motor de indução com enrolamento de extremidade aberta (OEWIM). Na configuração OEWIM, seis terminais do enrolamento do estator do motor de indução são levados para o exterior e, em seguida, dois inversores de 2 níveis são ligados em ambos os lados. O resultado é uma tensão de saída de 3 níveis. Neste caso, existem dois tipos de abordagens PWM, nomeadamente métodos desacoplados e acoplados. No método desacoplado, os sinais de modulação para dois inversores serão tomados com uma deslocação de fase de 180 graus entre si e depois comparados com um único sinal portador para gerar o padrão de impulsos. Para melhorar ainda mais a qualidade da forma de onda, é considerada a abordagem acoplada. Nesta abordagem, para os mesmos sinais de modulação, serão utilizados sinais de portadora com deslocação de nível para comparação. Em seguida, os pontos de intersecção de decidem os instantes de comutação dos inversores.

Para validar os algoritmos PWM propostos, foram efectuados estudos experimentais sobre o acionamento de motores de indução controlados por vectores utilizando o kit dSPACE1104. Além disso, foram efectuados estudos de simulação utilizando o MATLAB no acionamento de um motor de indução controlado por vetor em diferentes condições de funcionamento. A partir dos resultados, pode concluir-se que a configuração OEWIM dá melhores resultados do que os accionamentos alimentados por inversores de 2 níveis. Além disso, entre os métodos PWM desacoplado e acoplado, o método PWM acoplado proporciona uma qualidade de forma de onda superior com ruído acústico reduzido

Capítulo - 1

Introdução

Para satisfazer os requisitos das cargas industriais, os motores eléctricos têm de funcionar numa vasta gama de velocidades. Estes tipos de sistemas são normalmente designados por accionamentos eléctricos, que devem funcionar em quatro quadrantes. Nos motores eléctricos de corrente contínua, o comutador funciona como um conversor de frequência. O comutador assegura que os condutores da armadura são alimentados com uma frequência que é proporcional à velocidade de funcionamento. Por conseguinte, os motores de corrente contínua podem funcionar numa vasta gama de velocidades. No entanto, a manutenção do motor de corrente contínua é maior devido à disposição do comutador. Em contrapartida, a construção do motor de indução é simples e robusta. Contudo, a principal limitação do motor de indução é a vasta gama de controlo da velocidade devido à frequência de alimentação fixa. Para regular o acionamento elétrico em quatro quadrantes e para obter uma vasta gama de velocidades de funcionamento, o motor de indução deve ser alimentado com uma tensão e uma frequência variáveis. Isto pode ser conseguido com a ajuda de um inversor de fonte de tensão (VSI).

Com base no tipo de motores eléctricos, os accionamentos podem ser classificados como accionamentos de corrente contínua e accionamentos de corrente alternada. Entre os vários motores de corrente alternada, o motor de indução é o mais adequado para várias aplicações industriais devido às suas vantagens construtivas. Por conseguinte, o presente trabalho centra-se apenas nos accionamentos do motor de indução com gaiola de esquilo (SCIM).

A dinâmica do motor de indução é mais complexa do que a de um motor de corrente contínua e, por conseguinte, o binário e o fluxo não podem ser controlados de forma independente. A introdução do controlo vetorial, que também é conhecido como controlo orientado para o campo (FOC), deu a solução para o controlo independente do fluxo e do binário. No FOC, ao regular o vetor da corrente do estator, tanto o binário como o fluxo são controlados de forma semelhante à de um motor de corrente contínua excitado separadamente. Assim, os motores de corrente contínua são substituídos por motores de indução em muitas aplicações. No entanto, é necessário um sensor de velocidade para calcular a posição do rotor, o que aumenta a complexidade. Isto leva à introdução do controlo vetorial sem sensor, no qual os parâmetros necessários são pré-estimados utilizando as tensões e as correntes. Nestes métodos de controlo, utilizando o conceito de orientação de campo, o binário e o fluxo são controlados indiretamente. Para controlar o fluxo e o binário de forma direta, é apresentado mais tarde o controlo direto do binário (DTC). A comparação entre o FOC e o DTC foi estudada, concluindo-se que o FOC apresenta um desempenho superior em estado estacionário.

Embora os métodos acima referidos dêem uma boa resposta dinâmica, resultam num aumento da distorção harmónica devido aos controladores de histerese. Para reduzir a distorção harmónica, foram analisadas várias técnicas de PWM e chegou-se à conclusão de que o SVPWM proporciona um bom desempenho com uma maior utilização do barramento CC. No entanto, a abordagem clássica requer estimativas do ângulo e do vetor de referência, o que aumenta a complicação. Esta complicação pode ser reduzida através da implementação do SVPWM utilizando a abordagem de comparação de portadoras de uma forma simples.

O SVPWM resulta num aumento das amplitudes harmónicas em torno de múltiplos da frequência de comutação. Isto provoca um aumento da distorção harmónica juntamente com ruído acústico e interferência electromagnética. A redução destas pode ser conseguida através da aleatorização do padrão de impulsos, o que resulta em espectros espalhados. Assim, os variadores de velocidade alimentados por RPWM (RPWM-VSI) são bem aceites em aplicações de variadores de velocidade com ruído acústico e interferência electromagnética reduzidos.

Capítulo - 2

Pesquisa bibliográfica

2.1 Revisão da literatura sobre accionamentos SCIM controlados por vectores alimentados por PWM-VSI:

Os métodos de controlo escalar propostos para os accionamentos SCIM utilizam o circuito equivalente em estado estacionário e, por conseguinte, o desempenho transitório não pode ser analisado. Além disso, as técnicas de controlo escalar necessitam de uma tensão variável e de uma alimentação de frequência variável para regular a velocidade do motor de indução numa vasta gama. Isto pode ser conseguido através do inversor de fonte de tensão com modulação de largura de impulso (PWM-VSI), no qual a tensão e a frequência podem ser reguladas simultaneamente [1-4]. Além disso, a técnica PWM reduz a distorção harmónica quando comparada com o funcionamento em seis passos. No entanto, os métodos de controlo escalar dão uma reação lenta devido ao impacto do acoplamento entre o fluxo e o binário do motor de indução [1]. Assim, no domínio dos variadores de velocidade, os variadores de corrente contínua dominaram os variadores de corrente alternada devido ao seu controlo dissociado entre o fluxo e o binário. Para compreender o comportamento dinâmico das máquinas de corrente alternada, foram desenvolvidos posteriormente vários modelos dinâmicos com base em diferentes quadros de referência [1-2].

Utilizando o conceito da teoria dos quadros de referência e dos vectores espaciais, foram desenvolvidos vários modelos matemáticos para os motores de indução. Com a ajuda dos vectores espaciais, Blaschke propôs, nos anos 70, uma nova técnica de controlo denominada controlo vetorial [5]. Neste controlo, o controlo desacoplado do fluxo e do binário foi conseguido utilizando as duas componentes do vetor das correntes do estator orientadas para o campo. A magnitude do fluxo do rotor é controlada pela componente de eixo direto e o binário pela componente de eixo em quadratura. Por conseguinte, este sistema é também conhecido como controlo orientado para o campo (FOC). Assim, a introdução do FOC trouxe uma revolução no domínio dos accionamentos de corrente alternada e tornou-se popular em várias aplicações industriais, como máquinas-ferramentas, impressoras, accionamentos de tração, propulsão de navios, etc. [6-9]. Além disso, é apresentada uma comparação pormenorizada entre vários métodos FOC possíveis em [10]. Tendo em conta a estimativa do fluxo do rotor, a FOC pode ser designada por FOC direta e FOC indireta. A FOC direta necessita da medição direta do fluxo do rotor, o que diminui a robustez do motor de indução. No entanto, a FOC indireta estima a posição do rotor com a ajuda da frequência de escorregamento. Por conseguinte, a FOC indireta é mais popular em várias aplicações do que a FOC direta.

No entanto, o FOC indireto proporciona uma resposta dinâmica rápida, mas requer um sensor de posição ou de velocidade para medir a posição do rotor. Este facto leva a uma diminuição da robustez do SCIM. Este problema pode ser resolvido através da estimativa da posição do rotor utilizando quaisquer métodos pré-estimados, tal como descrito em [11-13]. Utilizando estes métodos pré-estimados, podem ser estimadas várias grandezas, como a posição do rotor, o binário, o fluxo, as correntes, etc. O acionamento SCIM sem sensor tem as vantagens do baixo custo e da elevada fiabilidade. A posição do rotor pode ser estimada utilizando as tensões e as correntes medidas nos terminais do motor. Entre os vários métodos de estimação, o método do filtro de Kalman tornou-se popular na defesa, nas aeronaves e nos métodos de controlo de alta precisão.

Embora os métodos de controlo FOC e sensorless proporcionem um bom desempenho dinâmico, regulam o binário e o fluxo indiretamente. Por conseguinte, para regular diretamente o binário e o fluxo, foi proposta em [14-15] uma nova estratégia de controlo denominada controlo direto do binário (DTC). Neste método, ao utilizar o vetor de tensão adequado com base nos sinais de erro do fluxo e do binário, ambas as grandezas podem ser controladas diretamente. A comparação entre o FOC e o DTC foi estudada em [16] e concluiu-se que o FOC resulta numa boa resposta em estado estacionário, enquanto o DTC resulta numa resposta dinâmica rápida. Por isso, muitos investigadores estão a concentrar o seu trabalho de investigação em accionamentos controlados por vectores. No entanto, tanto o FOC como o DTC permitem um funcionamento com uma frequência de comutação variável numa vasta gama devido ao funcionamento bang-bang dos controladores de histerese. Devido à vasta gama de frequências de comutação variáveis, a conceção dos filtros tornar-se-á complexa.

Para ultrapassar este problema, foram estudadas várias técnicas de PWM em [17-18]. Entre os vários métodos, o PWM space vetor (SVPWM) é popular pelas suas vantagens, tais como a redução da distorção harmónica e o aumento da utilização do barramento CC. O sinal de modulação SVPWM é um método não sinusoidal mas contínuo, semelhante ao PWM sinusoidal (SPWM). Uma análise detalhada e a implementação do SVPWM foram discutidas em [19-20] e concluiu-se que o SVPWM proporciona mais de 15% de utilização do barramento CC juntamente com a redução da distorção harmónica total (THD). A técnica SVPWM distribui o tempo de estado zero igualmente entre dois estados zero no início e no final de cada período de tempo de amostragem.

Ao distribuir o tempo de estado zero de forma desigual, podem ser geradas várias formas de onda modulantes descontínuas e não sinusoidais. Estas são popularmente conhecidas como sequências PWM descontínuas (DPWM) ou sequências PWM de fixação de barramento [21-33]. Como estas sequências fixam os sinais de modulação durante 1/3 de um ciclo fundamental, resultam em perdas de comutação reduzidas do inversor. A influência do período de fixação nas perdas de comutação foi estudada em [21]. A partir daí, observou-se que, com base no período de fixação e no fator de potência de funcionamento, as perdas de comutação do inversor variam. Com base nesta análise, foram propostas estratégias PWM de perdas mínimas de comutação em [22-23]. As técnicas SVPWM e DPWM podem ser implementadas através das abordagens de modulação de portadora e modulação digital, conforme explicado em [24-25]. Uma análise detalhada mostra que ambas as abordagens dão o mesmo padrão de impulsos e a comparação de portadoras é mais fácil para a implementação prática. No entanto, a abordagem tradicional das técnicas SVPWM e DPWM implica o cálculo do vetor espacial de referência, do ângulo e da informação do sector, o que aumenta a dificuldade do algoritmo.

Para simplificar a implementação do algoritmo PWM, foi apresentada uma abordagem unificada simples em [26-27], utilizando o princípio do tempo efetivo. Utilizando tempos de comutação imaginários proporcionais às tensões de fase instantâneas, foi calculado o tempo efetivo. Em seguida, ao colocar o tempo efetivo corretamente, vários métodos de modulação são derivados de uma forma simples, com tamanho de memória e cálculos reduzidos. De forma semelhante, utilizando o teste de magnitude das tensões de fase instantâneas, foi derivado um sinal de sequência zero adequado. Adicionando este sinal

aos sinais sinusoidais instantâneos, diferentes moduladores PWM, tais como SVPWM e DPWM, foram derivados em [28-31]. Diferentes métodos simples foram estudados em [33], utilizando o conceito de tempo efetivo e tensão de sequência zero. Estas abordagens deram uma solução simples para a redução da complexidade dos cálculos. Além disso, estas abordagens foram alargadas a inversores multinível e de fonte z [32-33].
Com base no princípio do conceito de ondulação do fluxo do estator, que é uma ondulação de corrente análoga, as caraterísticas harmónicas das diferentes técnicas PWM foram estudadas em pormenor em [28, 56-58]. A partir desta análise, pode verificar-se que as técnicas DPWM produzem uma distorção harmónica reduzida a índices de modulação mais elevados do que o método SVPWM. Apesar de as técnicas PWM acima referidas darem uma boa qualidade de forma de onda, estas produzirão amplitudes harmónicas consideráveis nas frequências de comutação e nas suas proximidades. Isto leva à radiação de ruído acústico em sistemas de acionamento industriais acionados por inversores PWM, o que se está a tornar questionável em locais industriais. A investigação de muitos investigadores concluiu que o espetro do ruído está quase ligado ao espetro da tensão de saída do VSI. Por conseguinte, o ruído acústico pode ser atenuado regulando a largura de impulso da tensão de saída do VSI .
Para reduzir o ruído acústico, podem ser utilizados métodos passivos e activos. Nos métodos passivos, o ruído pode ser reduzido através da utilização de isolamento acústico, o que aumenta o custo. Por isso, os métodos activos tornaram-se populares. Neste método, o ruído pode ser minimizado através da minimização dos harmónicos, que contribuem de forma notável para a perceção do ruído. Para conseguir um funcionamento correto do conversor, foi proposto um PWM aleatório (RPWM) em [34]. Neste, foi estudada a relação entre a tensão e o espetro de ruído. Com base neste estudo, foram implementados diferentes métodos RPWM para o funcionamento correto do conversor de frequência. Ao comparar a função de modulação de referência com um número aleatório, foram discutidas técnicas RPWM ponderadas em [35-36]. Estes métodos resultam em propriedades de espetro melhoradas, redução do ruído acústico e das amplitudes dos terceiros harmónicos. Além disso, estas técnicas combinam as caraterísticas dos métodos RPWM determinísticos e não-determinísticos.
Ao utilizar a frequência portadora aleatória, o método PWM descrito em [37] utiliza a aleatorização da frequência portadora mantendo o ciclo de funcionamento constante, o que conduz a propriedades de espetro alargado juntamente com a redução da EMI conduzida. Além disso, provou que este método é superior ao das técnicas de modulação em frequência para a redução da EMI. Uma pesquisa detalhada sobre o desempenho das técnicas RPWM foi estudada em [38]. Além disso, foi descrito o efeito dos métodos RPWM nas vibrações e na EMI. A técnica PWM baseada na posição aleatória foi proposta em [39] para reduzir a EMI e espalhar amplamente o espetro. O espetro alargado resulta em menos ruído quando comparado com o espetro de banda estreita.
Em [40], foram estudados vários métodos RPWM em conversores CC-CC para espalhar as amplitudes harmónicas (potência harmónica), reduzindo assim a EMI, o ruído acústico e a distorção harmónica. Ao utilizar estes métodos, o projeto do SMPC foi feito eliminando a utilização de um filtro EMI. O efeito dos métodos RPWM nas ressonâncias mecânicas do SCIM foi estudado em [41]. Neste estudo, o espetro de propagação da tensão foi obtido utilizando o método RPWM e, por conseguinte, foi efectuada a estimativa das frequências de ressonância acústica. Finalmente, é possível obter uma

sequência de comutação óptima, o que é significativo para a redução do ruído acústico. Em [42-44] são apresentadas diferentes técnicas RPWM para accionamentos baseados em frequências de amostragem fixas e variáveis. Foi efectuada uma análise das várias técnicas RPWM e foi proposta uma nova metodologia. A partir desta análise, conclui-se que as técnicas RPWM de frequência fixa são superiores a frequências fundamentais mais baixas, enquanto os esquemas PWM de comutação aleatória são superiores a frequências fundamentais mais elevadas. O desempenho destas técnicas PWM foi testado no acionamento de um motor de indução controlado por vetor em [44]. Um novo PWM universal aleatório foi proposto em [45], que espalha os harmónicos dominantes do espetro de tensão por uma vasta gama de frequências. Nesta abordagem, ao aleatorizar a duração do impulso no bordo de fuga ou no bordo de ataque, foram geradas diferentes sequências aleatórias. Além disso, este método foi demonstrado através de uma experiência numa unidade controlada sem sensores.

Combinando os esquemas de posição de impulsos aleatórios e de mudança de fase fundamental aleatória, foi proposto em [46] um novo método PWM multirandom controlado digitalmente para aplicações UPS com uma frequência de amostragem fixa. Esta abordagem reduz as amplitudes dos harmónicos, as vibrações mecânicas e o ruído. Além disso, esta abordagem proporciona uma resposta dinâmica rápida durante as mudanças bruscas de carga e uma maior redução do ruído. Uma abordagem de frequência variável baseada no método RPWM de vetor espacial foi demonstrada em [47]. Nesta abordagem, através da variação das frequências de comutação, foi apresentado e demonstrado um método para a melhor seleção possível das frequências de comutação. Uma nova abordagem RPWM é apresentada em [48-50], combinando o conceito de SVPWM clássico e a abordagem aleatória. Nesta abordagem, em primeiro lugar, o padrão de impulsos é gerado de acordo com o método SVPWM clássico. Depois, as posições dos impulsos serão aleatorizadas através da introdução de um atraso variável em cada intervalo de tempo de amostragem a uma taxa de amostragem constante. Esta abordagem é simples para a implementação prática e gera um espetro alargado. Este método foi testado em diferentes aplicações e provou que é adequado para reduzir o ruído e a distorção harmónica.

Uma técnica PWM híbrida foi proposta em [51-52], utilizando os dois sinais portadores. Combina as caraterísticas das propriedades de posição aleatória e frequência aleatória. Com base nos números binários pseudo-aleatórios, será selecionado um sinal portador adequado e comparado com os sinais trifásicos de referência para produzir os impulsos de forma aleatória. Este método produz caraterísticas de espetro alargado juntamente com a redução das amplitudes harmónicas em múltiplos de frequências de comutação. No entanto, estes métodos produzem um fator de propagação de harmónicas reduzido. Em [53] é proposto um novo método RPWM de portadora assimétrica, no qual os sinais triangulares assimétricos serão comparados com os sinais modulantes. Nos sinais triangulares assimétricos, o período de amostragem permanece constante, mas a distribuição do período de tempo entre a subida e a descida não é uniforme. Esta abordagem proporciona um bom desempenho em todos os índices de modulação operacionais. Esta abordagem espalha os harmónicos de forma eficaz e é adequada para aplicações como o aquecimento, a ventilação e o ar condicionado, em que a questão do ruído acústico é importante. Além disso, foi proposto um PWM descontínuo aleatório em [54], que reduziu o ruído e alargou os espectros em comparação com o método SVPWM.

Ao alargar o conceito explicado em [51-52], foi proposto em [55] um novo método RPWM controlado digitalmente com corrente indutora média constante e frequência de amostragem.

Dividindo o tempo do estado zero de forma igual ou desigual, foram derivados os métodos SVWPM e DPWM. De forma semelhante, foram geradas várias sequências, tais como técnicas DPWM avançadas, com a divisão igual do tempo do estado ativo, tal como explicado em [55-59]. Em seguida, com base na noção de ondulação de fluxo, foram traçadas as caraterísticas da ondulação de fluxo RMS, que decidirão a zona de desempenho superior. Com base nesta análise, foram propostas diferentes técnicas PWM híbridas. Nestes métodos, com base na parte e na magnitude do vetor de tensão de referência, será selecionada a sequência de comutação adequada que resulta numa distorção harmónica reduzida. Assim, as técnicas PWM híbridas propostas resultam numa redução da distorção em todos os índices de modulação, juntamente com a redução das perdas de comutação do inversor. São também propostas as caraterísticas de perda de comutação, com base nas quais se pode derivar um PWM de perda de comutação mínima em função do índice de modulação de funcionamento e do fator de potência. Além disso, utilizando o conceito de índice de modulação crítico, é proposto em [60] um PWM bifásico de distribuição aleatória introduzida. Neste método, é selecionada uma sequência adequada (que utilizará apenas um estado zero) para reduzir a distorção harmónica e o ruído acústico com base no valor do índice de modulação operacional. Para determinar o comportamento do ruído acústico e das vibrações num variador alimentado por um inversor, foi efectuado um estudo experimental em [61]. Nesta abordagem, com base na corrente medida e nos espectros de ruído do conversor SVPWM, podem distinguir-se as regiões de níveis de ruído elevados e baixos.

A frequência de comutação fixa dá origem a amplitudes de corrente harmónicas numa banda estreita em torno e nos múltiplos da frequência de comutação. Para mitigar este problema, foi descrito em [62] um método RPWM variável. Neste método, ao variar a frequência de comutação, os harmónicos e os espectros são distribuídos, o que leva a uma redução do ruído sem iniciar os harmónicos de baixa frequência. Neste caso, ao variar o tempo de estado zero, as técnicas RPWM de frequência de comutação variável foram derivadas, o que proporcionou um bom desempenho durante o estado estacionário e as condições dinâmicas também para o acionamento controlado por vetor. Para melhorar o desempenho em estado estacionário do conversor de frequência controlado por vetor, foi proposta uma técnica RPWM baseada numa frequência fixa para o conversor de frequência controlado por vetor em [63]. Além disso, os méritos e deméritos das técnicas RPWM foram estudados em pormenor. Em [64], foi estudado um modelo matemático pormenorizado para estimar os espectros de potência dos métodos padrão e RPWM, tendo-se concluído que o método RPWM de grupo limitado resulta num bom desempenho.

O efeito de diferentes métodos de modulação, como a modulação contínua e descontínua, nos harmónicos da corrente de entrada foi estudado em pormenor em [65-66]. Além disso, juntamente com o acima exposto, a aleatoriedade criada em sinais contínuos e descontínuos para melhorar ainda mais o desempenho. A análise teórica foi validada através de estudos experimentais e de simulação. Em [67] é feita uma análise pormenorizada das técnicas RPWM baseadas no espetro alargado. Além disso, foi proposta uma implementação digital rápida utilizando um microcontrolador PIC. Este método permite obter espectros alargados e é mais fácil de integrar em qualquer topologia de conversor de potência. Um novo SVPWM, que elimina os harmónicos perto da frequência da portadora, foi proposto em [68-69]. Este método elimina os harmónicos de alta frequência alterando o estado de comutação original e, por conseguinte, a EMI penetrante pode ser eliminada a metade da frequência de comutação quando comparada com a técnica PWM padrão. Assim, as perdas de comutação também são reduzidas com este esquema. Além disso, com base no SVPWM modificado descrito em [68], foi proposto um novo esquema híbrido RPWM em [69]. Este esquema é capaz de eliminar o ruído de alta frequência do que a técnica RPWM com perdas de comutação minimizadas.

O desempenho de diferentes técnicas RPWM é estudado em [70] para diferentes aplicações industriais e comerciais. Com base no desempenho das técnicas RPWM de frequência fixa e variável, conclui-se que o PWM de frequência de comutação aleatória apresenta um bom desempenho em todos os índices de modulação quando a frequência de comutação é superior à sua taxa de amostragem. Uma técnica SVPWM aleatória baseada na regressão florestal foi proposta em [71] para atenuar o ruído acústico e os espectros harmónicos. Quando comparados com os métodos PWM aleatórios baseados em frequências de comutação fixas, para reduzir ainda mais o ruído acústico e a distorção harmónica e obter um espetro alargado, foram propostos métodos PWM de frequência de comutação variável em [72-73]. Além disso, os métodos PWM baseados em frequências de comutação variáveis dão bons resultados em comparação com as técnicas de frequência fixa. No entanto, devido ao funcionamento com frequência de comutação variável, o projeto de filtros torna-se difícil. Por conseguinte, a variação da frequência de comutação deve ser pequena.

A configuração do inversor discutida até agora é adequada para aplicações de baixa potência. Para satisfazer as aplicações de média e alta potência, foi proposta em [74] uma nova topologia designada por inversor multinível com pinça de díodo. Esta configuração é também conhecida como inversor com pinça de ponto neutro. Nesta configuração, ao variar os dispositivos de comutação, o número de níveis de tensão na tensão de saída pode ser aumentado. Assim, esta configuração resulta numa redução da distorção harmónica com uma melhor qualidade da forma de onda. Em [75-76], foi efectuado um estudo pormenorizado sobre diferentes inversores multinível e foram abordados os méritos e deméritos destas configurações. A partir daí, estas configurações tornaram-se populares, embora a complexidade envolvida seja maior na implementação do algoritmo PWM. Para reduzir a complexidade, foi proposto em [77] um método PWM simples baseado no conceito de métodos SVPWM para inversores de dois níveis. Com base na localização do vetor de referência, o centro mais próximo será identificado e, em seguida, deslocando o centro para o novo ponto central , os vectores espaciais assemelham-se a vectores espaciais de 2 níveis. Para reduzir ainda mais a complexidade, foi desenvolvida uma abordagem PWM simplificada baseada apenas nas tensões de fase de referência amostradas instantaneamente em [78]. Neste método, utilizando os sinais de portadora com deslocação de nível, podem ser derivadas diferentes topologias de inversores multinível. Como este método é baseado em portadoras, a implementação também é mais fácil quando comparada com a abordagem digital.

Embora os inversores com pinças de díodo apresentem um bom desempenho em termos de qualidade da forma de onda, estes sofrem de alguns inconvenientes, como as flutuações do ponto neutro. Para ultrapassar estes inconvenientes, são necessárias algumas modificações na configuração da topologia ou nos métodos PWM. Este tipo de métodos foi discutido em [79-81]. Além disso, para melhorar ainda mais o desempenho, foi proposto um novo PWM híbrido para acionamento de alta potência em [81].

Para ultrapassar os inconvenientes dos inversores de diodo, de condensador e de ponte h, foi proposta em [82] uma nova topologia designada por motor de indução de enrolamento aberto (OEWIM). Na configuração OEWIM, seis terminais de três enrolamentos são trazidos para o exterior sem ponto neutro. Depois, dois inversores são alimentados em cada lado dos enrolamentos. Diferentes topologias de inversores são propostas para a configuração OEWIM em [83-108]. Com a configuração OEWIM, há flutuações do ponto neutro e desequilíbrio dos condensadores. Por isso, estas topologias estão a tornar-se populares em aplicações de média e alta potência. Com base nas ligações das fontes de corrente contínua aos inversores, estas configurações são conhecidas como configurações isoladas e não isoladas. Na configuração não isolada, ambos os inversores são alimentados por uma única fonte de corrente contínua, o que elimina a tensão de sequência zero, mas provoca o fluxo de corrente de sequência zero através dos inversores e do motor, como explicado em [83]. A configuração isolada utiliza duas fontes CC separadas para dois inversores, o que elimina a corrente circulante com uma tensão de sequência zero considerável [84-88].

Com base nas magnitudes de tensão, a configuração OEWIM pode ser classificada como simétrica e assimétrica. Se o rácio da tensão CC for de 1:1, pode obter-se uma configuração simétrica e se o rácio for de 2:1, pode obter-se uma configuração assimétrica [84-88]. Normalmente, dois tipos de métodos PWM são populares, nomeadamente, métodos desacoplados e acoplados [84-88]. Na configuração desacoplada, os sinais de modulação de ambos os inversores estarão numa deslocação de fase de 180 graus. No entanto, o método acoplado melhora a qualidade da forma de onda em comparação com o método desacoplado. Além disso, um método PWM ótimo foi proposto em [89-90] para a configuração OEWIM para reduzir a tensão de modo comum, que também é conhecida como tensão de sequência zero.

Para reduzir a tensão de sequência zero (ZSV) e melhorar a qualidade da forma de onda, foi proposta uma técnica de vetor espacial dodecagonal para a configuração OEWIM com uma única fonte CC, como explicado em [91-92]. Além disso, para reduzir a tensão de sequência zero, um novo método descrito em [93], que resulta em ZSV média zero com tensão de ponto neutro equilibrada. Um conceito semelhante é alargado ao acionamento de motores de indução de cinco fases em [94], o que resulta na eliminação da corrente de sequência zero média em [94]. Ao alimentar o conversor OEWIM com as magnitudes de tensão numa relação 2:1, é possível obter uma tensão de saída de quatro níveis. Para melhorar o desempenho do inversor de quatro níveis, várias estratégias PWM improvisadas foram propostas em [95]. Além disso, ao selecionar o método de modulação pólo-fase, a configuração OEWIM pode ser alargada a accionamentos de motores multifásicos, como explicado em [96]. Com este método, o número de fases pode ser variado de uma forma mais fácil. Alimentando o acionamento OEWIM com inversores de diferentes níveis em ambos os lados, podem ser obtidos cinco níveis de tensão [97-98]. Esta abordagem é alargada ao acionamento OEWIM baseado no controlo direto do binário em [97].

Os métodos PWM baseados na abordagem de frequência fixa apresentam grandes amplitudes harmónicas em torno de múltiplos da frequência de comutação. Para reduzir estas amplitudes, os espectros harmónicos devem estar espalhados. Para alcançar o espetro espalhado e reduzir o ruído acústico, alguns métodos PWM aleatórios foram discutidos em [98-105]. Na abordagem de aleatorização, podem ser utilizados os métodos de frequência de comutação fixa e variável. Ambos os métodos resultarão numa redução do ruído acústico com espetro alargado. Poucos métodos resultam na redução do ruído acústico com um ligeiro aumento da distorção harmónica da tensão. Poucos métodos resultam na redução tanto do ruído acústico como da distorção harmónica. A conceção dos filtros é mais fácil para os métodos PWM aleatórios de frequência fixa. No entanto, a conceção é um pouco complexa para os métodos de frequência de comutação variável. Por conseguinte, ao aplicar os métodos PWM de frequência variável, a variação da frequência de comutação deve ser pequena.

No trabalho proposto, foram propostos neste livro métodos de frequência fixa e aleatória. Os métodos propostos são correlacionados nas abordagens digital e de portadora e concluíram que a abordagem de comparação de portadora é mais simples. Em seguida, os métodos PWM aleatórios propostos são alargados ao acionamento OEWIM. Nos métodos propostos, a aleatoriedade é criada no sinal de modulação ou na seleção da portadora ou em ambos.

2.2 Principal contributo do livro

Neste livro, o foco principal tem sido em métodos PWM aleatórios baseados na comparação de portadoras para acionamentos de motores de indução com enrolamento de extremidade aberta alimentado com 2 níveis e dois níveis alimentados. Com os métodos propostos, o ruído acústico pode ser reduzido juntamente com a redução nos múltiplos da frequência de comutação e à volta destes.

Técnicas de PWM aleatório de frequência fixa para accionamentos de motores de indução:

No trabalho proposto, os métodos PWM aleatórios baseados em frequência fixa são gerados de forma simples, variando uma constante e um ângulo de modulação. Para verificar o padrão de impulsos, os impulsos de saída são comparados com os impulsos de saída da abordagem digital. Após a validação das duas abordagens, a abordagem de comparação de portadoras proposta é alargada a accionamentos controlados por escalar e vetor. Para avaliar o desempenho, foram efectuados estudos experimentais e de simulação e são apresentados os resultados.

Técnicas de PWM aleatório de frequência variável para accionamentos de motores de indução:

Neste livro, são propostos métodos PWM aleatórios baseados em frequência variável. Além disso, é efectuada uma comparação entre a comparação da portadora e a abordagem digital. Em seguida, os métodos baseados na portadora são aplicados ao acionamento de motores de indução com controlo escalar e vetorial. Para verificar a eficácia dos métodos propostos, foram efectuados e comparados estudos experimentais e de simulação.

Técnicas de PWM aleatório desacoplado para accionamentos OEWIM:

Os métodos PWM fixo e aleatório são aplicados a accionamentos OEWIM isolados. Na configuração isolada, ambos os inversores serão alimentados com fontes de corrente contínua diferentes. Na abordagem PWM desacoplada, os sinais de modulação serão gerados para ambos os inversores de tal forma que os sinais de modulação devem estar a 180 graus um do outro. Estes sinais de modulação serão comparados com um sinal portador comum. Em seguida, a aleatoriedade é criada quer no sinal de modulação quer no sinal portador, ou em ambos. Para demonstrar a eficácia dos métodos PWM aleatórios desacoplados propostos, foram efectuados estudos experimentais e de simulação e os resultados são apresentados e comparados.

Técnicas de PWM aleatório acoplado para accionamentos OEWIM:

Para melhorar ainda mais a qualidade da forma de onda da tensão, os métodos PWM aleatórios são aplicados à unidade OEWIM de forma acoplada. Desta forma, os impulsos serão gerados de forma semelhante a um inversor multinível de 3 níveis com pinça de díodo. O plano vetorial espacial da configuração OEWIM baseada em PWM acoplado é semelhante ao de um inversor de 3 níveis com pinça de díodo. Por conseguinte, após a geração de sinais de modulação para ambos os inversores, estes sinais serão comparados com sinais de portadora com deslocação de nível para gerar o padrão de impulsos para ambos os inversores. Para validar a eficácia, foram efectuados vários estudos e comparados.

2.3 Organização do livro:

No **Capítulo 1,** é apresentada uma introdução aos accionamentos eléctricos.

No **Capítulo 2,** é abordada em pormenor a pesquisa bibliográfica sobre accionamentos de motores de indução controlados por vetor e vários métodos PWM para accionamentos de 2 níveis, multinível e OEWIM.

No **Capítulo 3,** é apresentada uma abordagem simples de comparação de portadoras para a geração de sinais de modulação para o método SVPWM. Em seguida, a aleatoriedade é criada em frequência fixa, quer no sinal de modulação, quer no sinal da portadora, quer em ambos. Além disso, o padrão de impulsos gerado é comparado com a saída da abordagem digital. Em seguida, a abordagem simplificada de comparação da portadora é aplicada a accionamentos controlados por escalar e por vetor. Para verificar a sua utilidade, são apresentados estudos experimentais e de simulação.

O capítulo 4 trata dos métodos PWM aleatórios baseados na frequência de comutação variável. O padrão de impulsos da comparação de portadoras e das abordagens digitais é comparado. Em seguida, os métodos PWM aleatórios baseados na abordagem simplificada da portadora são aplicados a accionamentos controlados por escalas e vectores. A ajuda dos métodos PWM propostos é verificada através de estudos experimentais e de simulação.

No **capítulo 5,** os métodos PWM baseados em frequências de comutação fixas e variáveis são alargados ao acionamento OEWIM de uma forma desacoplada. Nos métodos PWM aleatórios desacoplados, os sinais de modulação serão gerados com um desvio de fase de 180 graus entre si. Em seguida, estes sinais de modulação serão comparados com o sinal portador comum. Para demonstrar a sua validade, foram efectuados vários estudos e são apresentados resultados.

O capítulo 6 trata dos métodos PWM acoplados aleatórios para accionamentos OEWIM. Na abordagem acoplada, os sinais de modulação serão gerados e, em seguida, estes serão comparados com o sinal de portadora com deslocação de nível para gerar o padrão de impulsos. Também aqui, a aleatoriedade pode ser criada nos sinais de modulação ou de portadora ou em ambos. A eficácia é verificada através de estudos experimentais e de simulação.

O Capítulo 7 conclui a avaliação do desempenho de vários accionamentos de motores de indução baseados em PWM aleatórios. Também é descrito o possível âmbito de trabalho no futuro.

2.4 Resumo:

Este capítulo trata da pesquisa bibliográfica detalhada sobre accionamentos controlados por vectores e várias técnicas PWM para accionamentos de motores de indução. Além disso, este capítulo apresenta a contribuição do trabalho proposto e a organização do livro.

Capítulo - 3

Técnicas de PWM aleatórias de comutação constante para alimentação de inversores
Acionamento do motor de indução

3.1 Introdução:

Hoje em dia, os motores eléctricos estão na moda em várias aplicações, como veículos eléctricos híbridos, propulsão de navios, etc. Para o controlo de diferentes parâmetros, estes motores têm de ser acionados por inversores de fonte de tensão (VSI) com vários métodos de controlo (métodos de controlo externo e métodos de controlo interno). O diagrama de circuito do motor de indução alimentado por um VSI é apresentado na Fig. 3.1. Entre os diferentes métodos de controlo, os métodos de controlo interno dão melhores resultados para accionamentos eléctricos de média e alta potência. É utilizada uma técnica de modulação por largura de impulsos (PWM) para o controlo interno dos VSI.

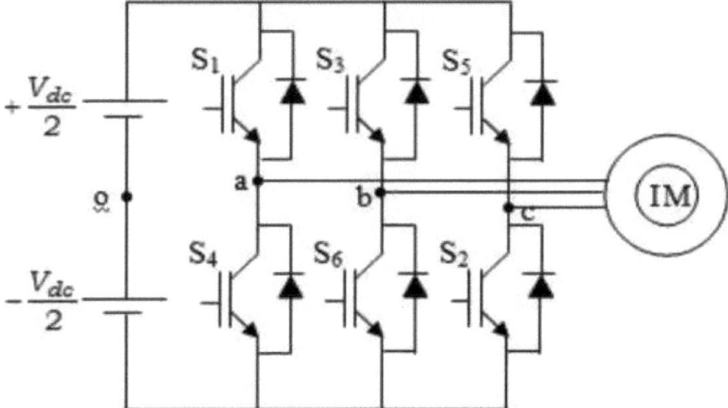

Fig. 3.1 Motor de indução alimentado por inversor de fonte de tensão

As técnicas de modulação por largura de impulsos utilizadas para controlar a tensão e a frequência de saída do VSI permitem controlar a velocidade e o binário. As técnicas PWM utilizadas devem ter como objetivo melhorar a qualidade da tensão de saída e reduzir a tensão de modo comum a baixas frequências de comutação. Foram utilizadas várias técnicas PWM contínuas e descontínuas para aumentar a utilização da corrente contínua, reduzir a ondulação da corrente e as perdas de comutação nos accionamentos de motores de indução alimentados por VSI. Mas todas as técnicas PWM geram uma quantidade elevada de energia nos harmónicos das frequências de comutação, o que resulta em ruído acústico e interferência magnética eletrónica nos sistemas próximos.

A fim de reduzir o ruído acústico, a vibração e a interferência electromagnética, estão a ganhar importância diferentes técnicas PWM. Nestas técnicas PWM, a posição, a largura ou a frequência dos impulsos variam aleatoriamente. As representações pictóricas do padrão de impulsos destas técnicas PWM são mostradas na Fig. 3.2. Na Fig. 3.2(a) é mostrado o padrão de impulsos com PWM convencional, em que a largura de impulsos é diferente mas a frequência de impulsos é a mesma em todo o período de tempo. Na técnica de modulação da posição dos impulsos, a frequência dos impulsos permanece a mesma, mas a posição dos impulsos é colocada aleatoriamente, como mostra a Fig. 3.2(b). Por conseguinte, estas técnicas PWM são designadas por técnicas PWM aleatórias de frequência de comutação constante. Na Fig. 3.2 (c), a frequência dos impulsos varia numa vasta gama de frequências. Por conseguinte, estas técnicas PWM são designadas por técnicas PWM aleatórias de frequência de comutação variável.

Entre as técnicas PWM de frequência de comutação constante e de frequência de comutação variável, os esquemas PWM de frequência de comutação constante estão a ganhar importância devido à maior facilidade de conceção dos filtros. Nas técnicas PWM de frequência de comutação constante, a posição do impulso pode ser modulada de diferentes formas. A realização de qualquer técnica PWM é efectuada com base numa abordagem de comparação de portadoras e numa abordagem de vetor de espaço digital.

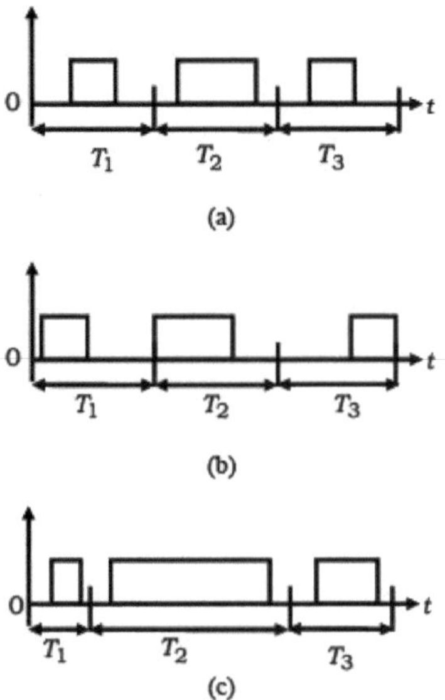

Fig. 3.2 Padrão de impulsos da (a) Técnica convencional de PWM (b) Técnica de modulação da posição dos impulsos (c) Técnica de modulação da frequência dos impulsos

3.2 Correlação entre as abordagens de comparação de portadoras e de vetor espacial:

3.2.1 Abordagem de comparação de transportadoras:

No esquema de comparação da portadora, o sinal de referência é comparado com o sinal da portadora de alta frequência. O ponto de intersecção destes dois sinais dá os instantes de comutação. Assim, para gerar sinais de controlo para o inversor trifásico de dois níveis com fonte de tensão, como se mostra na Fig. 3.1, são comparados três sinais de referência com o sinal portador de alta frequência. Os três sinais de referência podem ser matematicamente expressos como em (3.1).

$$\begin{aligned} V_{a\,ref} &= Vm\cos(\omega t) \\ V_{b\,ref} &= Vm\cos(\omega t - 2\pi/3) \\ V_{c\,ref} &= Vm\cos(\omega t - 4\pi/3) \end{aligned} \qquad (3.1)$$

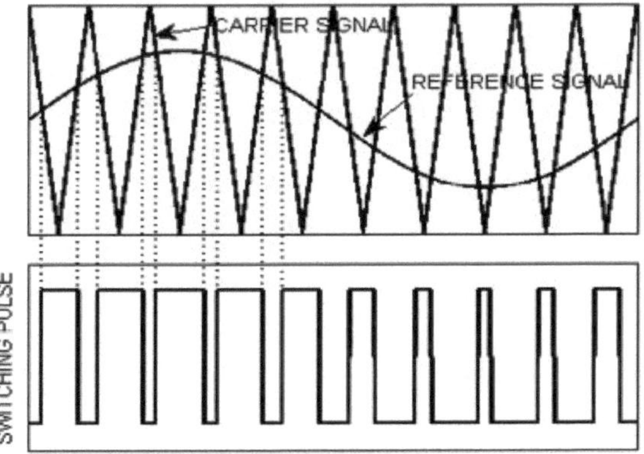

Fig. 3.3 Realização do PWM sinusoidal convencional

Tabela 3.1 Lógica de comutação para o VSI

Estado	Estado de comutação
$V_{a\ ref} > V_t$	Si= ON e S4 = OFF
$V_{b\ ref} > V_t$	S3= ON e S6= OFF
$V_{c\ ref} > V_t$	S5= ON e S2= OFF

Os sinais de controlo obtidos através da utilização da forma de comutação, como se mostra na Fig. 3.3, geram uma tensão de saída com uma ondulação elevada e uma má utilização da CC. Como o ponto neutro do motor de indução está isolado, pode ser adicionado um sinal de sequência zero aos sinais de referência dados em (3.1) para melhorar a utilização de CC, como indicado em (3.2). A equação geral para a geração do sinal de sequência zero é dada em (3.3).

$$V^*_{i\,ref} = V_{i\,ref} + V_{zs} \quad i = a,b,c \tag{3.2}$$

$$V_{zs} = \frac{V_{dc}}{2}(2k_o - 1) - k_o V_{max} + (k_o - 1)V_{min} \tag{3.3}$$

Em (3.3), onde V_{max} e V_{min} são o máximo e o mínimo dos sinais de referência dados em (3.1). V_{dc} é a tensão CC normalizada e k_o é a constante. Ao selecionar diferentes valores para k_o, podem ser gerados vários novos sinais de modulação contínuos e descontínuos. A expressão geral para a geração de novos sinais de referência é dada em (3.2). O sinal de referência antigo ($V_{i\ ref}$), o sinal de sequência zero e o novo sinal de referência ($V^*_{i\ ref}$) obtidos escolhendo k_o como 0,5 são mostrados na Fig. 3.4. Quando o sinal de modulação contínua (novo sinal de referência) apresentado na Fig. 3.4 está correlacionado com o sinal da portadora de alta frequência, esta técnica PWM é designada por PWM contínua (CPWM).

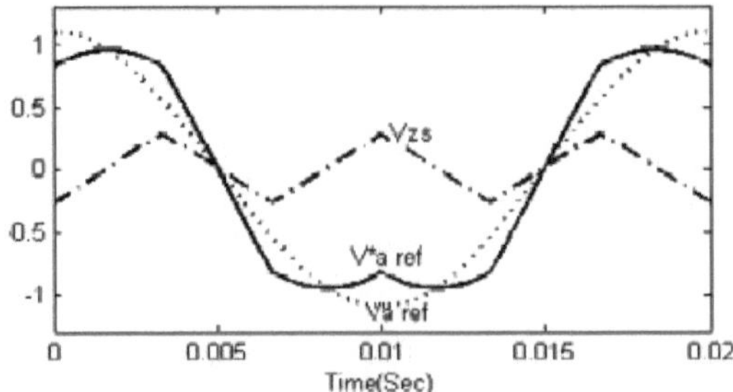

Fig. 3.4 Sinal de referência antigo, sinal de sequência zero e sinal de modulação contínua

3.2.2 Abordagem do vetor espacial:

Na abordagem do vetor espacial, três sinais de referência como em (3.1), que estão no domínio do tempo, são convertidos no domínio do espaço utilizando (3.4). O plano do vetor espacial é formado por diferentes estados de comutação do inversor de dois níveis e o vetor espacial de referência é formado por
a partir de três tensões de referência são mostrados na Fig. 3.5.

$$V_s = \frac{2}{3}\left(V_{ao} + V_{bo}e^{j(\frac{2\pi}{3})} + V_{co}e^{j(\frac{4\pi}{3})} \right) \tag{3.4}$$

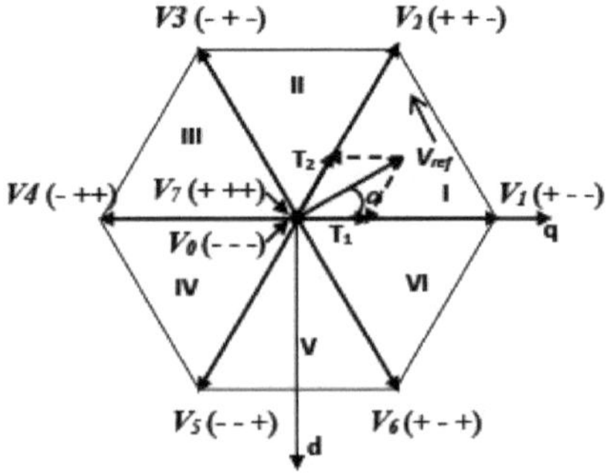

Fig. 3.5 Plano vetorial do espaço de dois níveis

Aqui, V0 e V7 são os vectores de tensão zero e V1 a V6 são os vectores de tensão ativa. Com base na posição do vetor de tensão de referência (V_{ref}) mais próximo, são amostrados dois vectores de tensão ativa e dois vectores de tensão zero, satisfazendo a condição de equilíbrio volt-sec. O tempo durante o qual os vectores activos são aplicados e os vectores nulos são aplicados é dado por (3.5).

$$\begin{aligned} T_1 &= \frac{3V_{ref}}{2V_{dc}} * \frac{\sin(60-\alpha)}{\sin 60^\circ} * T_s \\ T_2 &= \frac{3V_{ref}}{2V_{dc}} * \frac{\sin\alpha}{\sin 60^\circ} * T_s \\ T_z &= T_s - T_1 - T_2 \end{aligned} \tag{3.5}$$

O vetor de tensão zero é dividido em duas metades iguais como em (3.6).

$$T_7 = 0.5T_z \text{ and } T_0 = 0.5T_z \tag{3.6}$$

Na abordagem por vetor espacial, o padrão de comutação é gerado utilizando os vectores de tensão ativa mais próximos e os vectores de tensão zero. No sector I, os vectores utilizados para sintetizar o vetor de referência são V0, V1, V2, V7 (0127). De forma semelhante, para sintetizar o vetor de referência nos restantes sectores, os vectores utilizados são apresentados na Tabela 3.2.

Quadro 3.2 Sequência de comutação em todos os seis sectores

Número do sector	Sequência ON	Sequência OFF
1	0-1-2-7	7-2-1-0
2	0-3-2-7	7-2-3-0
3	0-3-4-7	7-4-3-0
4	0-5-4-7	7-4-5-0
5	0-5-6-7	7-6-5-0
6	0-1-6-7	7-6-1-0

Na abordagem digital baseada em vectores espaciais, todos os estados de comutação e a sequência de comutação devem ser armazenados sob a forma de tabelas de pesquisa. O diagrama de fluxo para a abordagem digital é apresentado na Fig. 3.6.

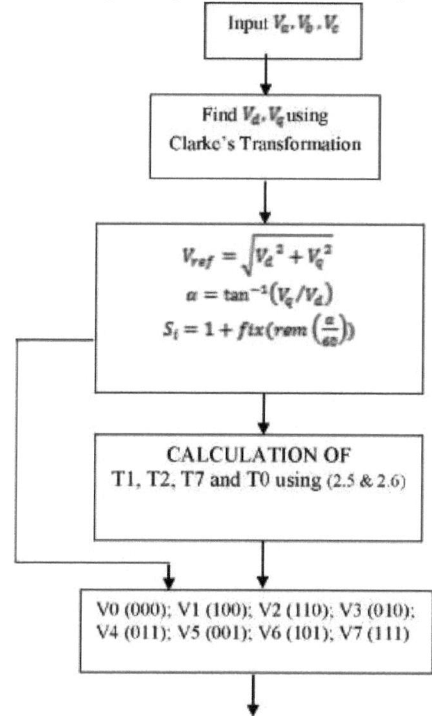

Fig. 3.6 Diagrama de fluxo para a implementação da abordagem de vetor de espaço digital

Utilizando os tempos dos vectores activos (T1 e T2), os tempos dos vectores de tensão nula (Tz) e a sequência de comutação para cada sector indicados na Tabela 3.2, os vectores de comutação e os estados de comutação correspondentes são diretamente derivados da tabela de pesquisa.

O diagrama que mostra a correlação entre a abordagem do vetor de espaço digital e a abordagem de comparação de portadoras é apresentado na Fig. 3.7. Como se considera um pequeno intervalo de tempo (Ts), os sinais de referência mostrados na Fig. 3.4 aparecerão como linhas rectas na Fig. 3.7. T_{ga}, T_{gb} e T_{gc} são os tempos de comutação dos interruptores S1, S3 e S5. A partir da Fig. 3.7, conclui-se que o padrão de impulsos obtido a partir de ambos os métodos é o mesmo.

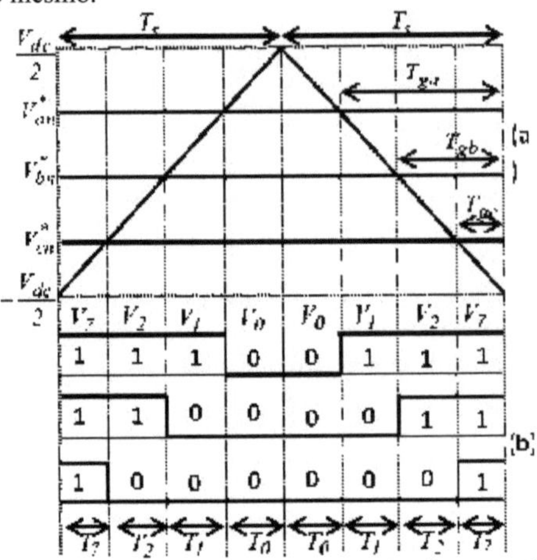

Fig. 3.7 Correlação entre a abordagem de comparação de portadoras e a abordagem de vetor de espaço digital

3.3 PWM de referência aleatória (RR-PWM):

Neste tipo de PWM, a posição e a largura dos impulsos variam aleatoriamente. Isto pode ser conseguido através da introdução de aleatoriedade no sinal de referência. O sinal de referência aleatório pode ser gerado de forma semelhante à técnica PWM analisada na secção 3.2. Para gerar um sinal de referência trifásico aleatório, consideram-se três sinais de referência e um sinal de sequência zero, como indicado em (3.1) a (3.3). No sinal de sequência zero, em vez de escolher ko como 0,5 (0,5 para gerar um novo sinal de referência contínuo), ko é escolhido aleatoriamente entre 0 e 1. O sinal de modulação aleatório resultante é apresentado na Fig. 3.8. Observa-se que o sinal de modulação mostrado na Fig. 3.4 é uma modulação contínua com variação suave. Enquanto que o sinal de modulação aleatório apresentado na Fig. 3.8 contém variações bruscas. Quando este tipo de sinal de modulação é comparado com o sinal de portadora de alta frequência, dá origem ao RR-PWM.

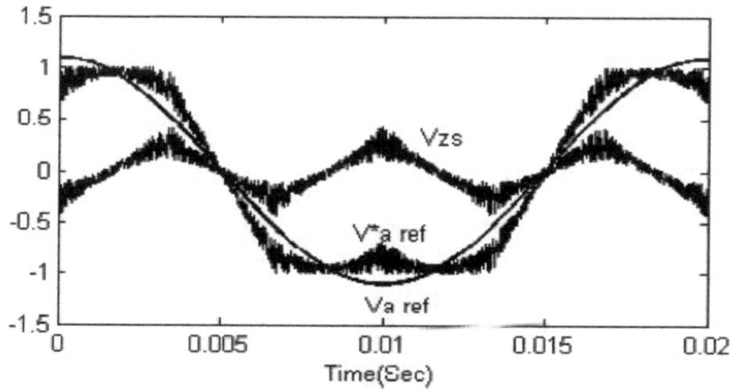

Fig. 3.8 Sinal de referência antigo, sinal de sequência zero e sinal de modulação aleatória

O RR-PWM pode ser implementado numa abordagem vetorial espacial digital utilizando a mesma sequência de comutação da Tabela 3.2 com os tempos do vetor de tensão zero aplicados aos vectores de tensão zero utilizando (3.7) e k_o é escolhido aleatoriamente entre 0 e 1.

$$T_7 = k_0 T_z \text{ and } T_0 = (1-k_0)T_z \tag{3.7}$$

3.4 PWM de portadora aleatória (RC-PWM):

Neste tipo de técnica PWM, em vez de se utilizar um sinal portador, são utilizados dois sinais portadores (sinal triangular positivo e sinal triangular negativo) para a geração de sinais de controlo. Embora as técnicas PWM utilizem ambos os sinais portadores, em cada instante apenas um sinal portador é utilizado para gerar o sinal de controlo. A seleção entre os dois sinais portadores é feita de forma aleatória. A ilustração de

O esquema de seleção da portadora é apresentado na Fig. 3.9. A partir da Fig. 3.9, observa-se que os sinais positivos e negativos da portadora são introduzidos como entradas no seletor de portadora, juntamente com a saída do gerador aleatório. Em qualquer instante, o gerador aleatório gera 0 ou 1. Se o gerador aleatório gerar 1, o seletor de portadora seleciona o sinal de portadora positivo e se o gerador aleatório gerar 0, o seletor de portadora seleciona o sinal de portadora negativo. Assim, a saída do seletor de portadora é uma mistura de sinal de portadora positivo e negativo. Este sinal de portadora aleatório resultante é comparado com o sinal de modulação contínua apresentado na Fig. 3.4. A técnica PWM com sinal de modulação contínua e sinal de portadora aleatória é designada por técnica RC-PWM. Os resultados da simulação obtidos durante a seleção da portadora aleatória são apresentados na Fig. 3.10.

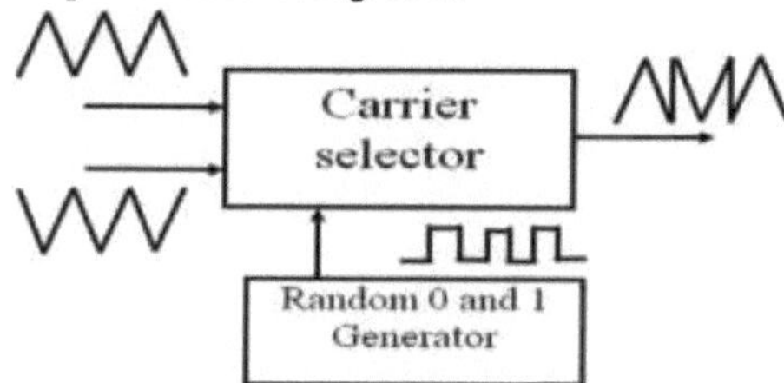

Fig. 3.9 Ilustração do esquema de seleção aleatória da portadora

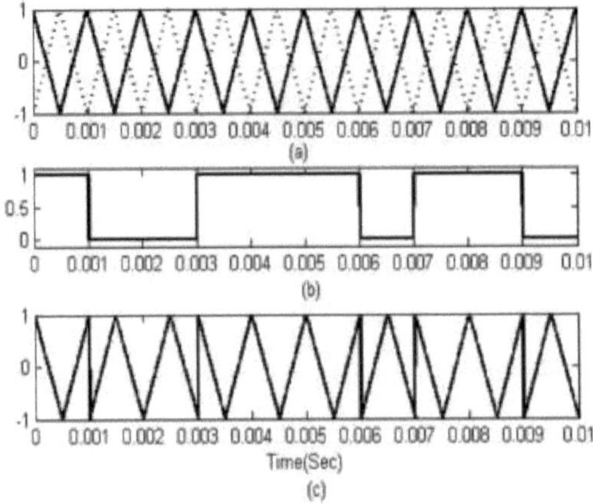

Fig. 3.10 Resultados da simulação (a) Sinais de portadora positivos e negativos de entrada (b) Saída do gerador aleatório (c) Saída do seletor de portadora

Este RC-PWM pode ser implementado no espaço digital vetorial, bastando selecionar aleatoriamente qualquer uma das sequências de comutação indicadas na Tabela 3.3 para um determinado sector. Como apenas o sinal triangular é alterado, apenas a sequência é alterada, os tempos do vetor ativo e os tempos do vetor zero não são afectados.

Tabela 3.3 Estados de comutação em todos os seis sectores para RC-PWM

	Sequência-1		Sequência-2	
Número do sector	**OFF-Sequência**	**ON-Sequência**	**OFF-Sequência**	**ON-Sequência**
1	7-2-1-0	0-1-2-7	0-1-2-7	7-2-1-0
2	7-2-3-0	0-3-2-7	0-3-2-7	7-2-3-0
3	7-4-3-0	0-3-4-7	0-3-4-7	7-4-3-0
4	7-4-5-0	0-5-4-7	0-5-4-7	7-4-5-0
5	7-6-5-0	0-5-6-7	0-5-6-7	7-6-5-0
6	7-6-1-0	0-1-6-7	0-1-6-7	7-6-1-0

3.5 Resultados e discussão:

Para validar o desempenho das técnicas PWM aleatórias de frequência de comutação constante propostas, são efectuados estudos de simulação em ambiente MATLAB/Simulink. Os resultados da simulação do padrão de impulsos com a abordagem de comparação de portadoras e a abordagem de vetor espacial para todas as técnicas PWM aleatórias são apresentados na Fig. 3.11. Para a comparação do padrão de impulsos, os estudos de simulação são efectuados a uma frequência de comutação de 1 kHz. Para o padrão de impulsos apresentado na Fig. 3.11, observa-se que a abordagem por comparação de portadoras e a abordagem digital baseada no vetor espacial dão resultados idênticos. Assim, pode utilizar-se uma forma mais fácil para gerar vários padrões de impulsos.

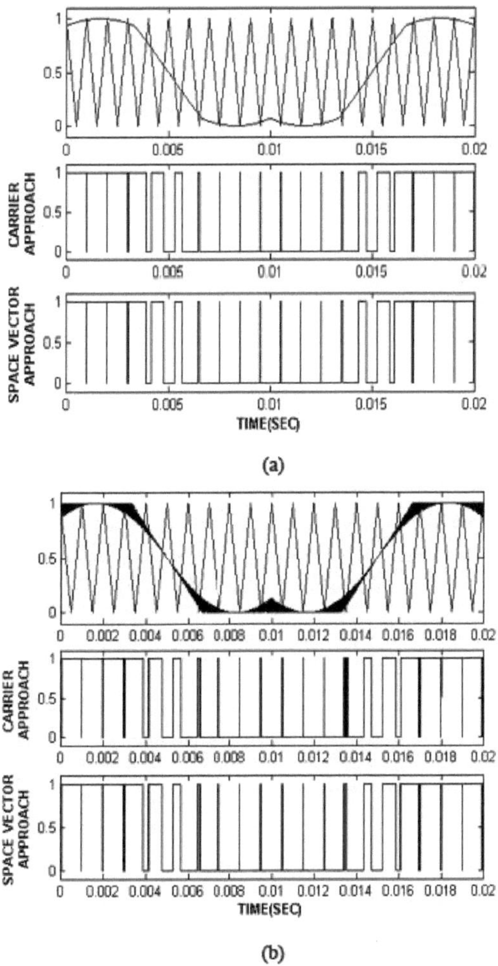
CARRIER APPROACH
SPACE VECTOR APPROACH
TIME(SEC)
(a)
CARRIER APPROACH
SPACE VECTOR APPROACH
TIME(SEC)
(b)

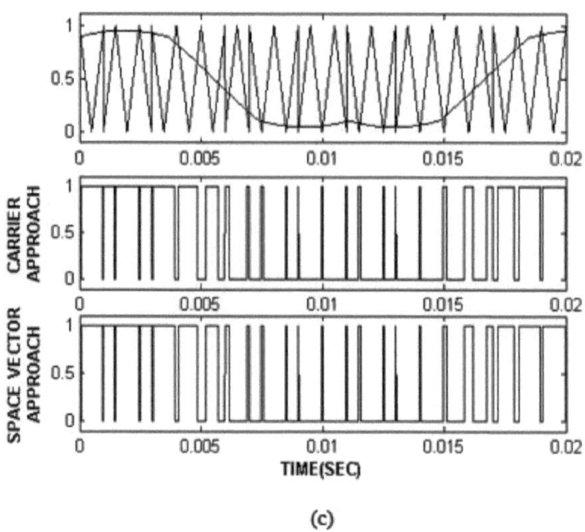

(c)

Fig. 3.11 Resultados da simulação do padrão de impulsos de várias técnicas PWM com abordagem de comparação de portadoras e abordagem de vetor espacial (a) SVPWM (b) RR-PWM (c) RC-PWM

Para testar o desempenho das técnicas PWM aleatórias de frequência de comutação constante, são efectuados estudos de controlo v/f em circuito aberto. Nos estudos experimentais, o módulo inversor de fonte de tensão de 9,2 kVA é ligado ao acionamento do motor de indução. É aplicada uma tensão de entrada de 200V e os sinais PWM de frequência de comutação variável são gerados utilizando a placa de controlo dSPACE com uma frequência de comutação de 1kHz. A fotografia da configuração experimental é mostrada na Fig. 3.12.

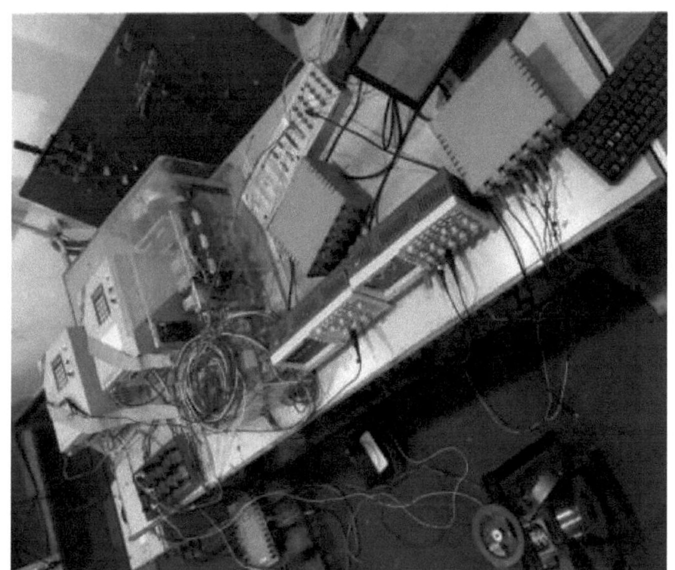

Fig. 3.12 Fotografia da instalação experimental

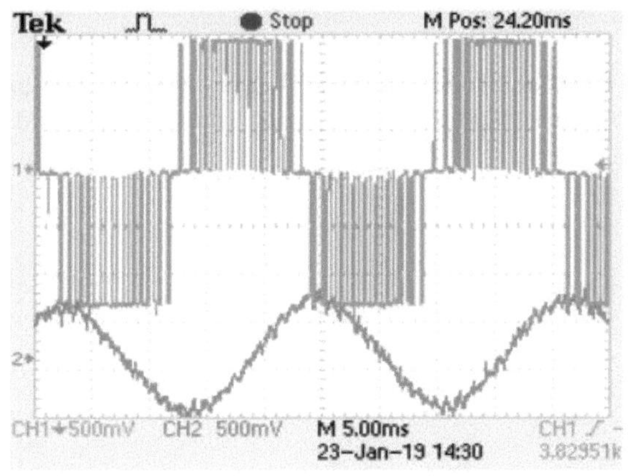

(a)

(b)

Fig. 3.13 (a) Gráficos da tensão de linha (Vab) e da corrente de linha (Ia) (b) Espectro THD da tensão de linha (Vab) com SVPWM

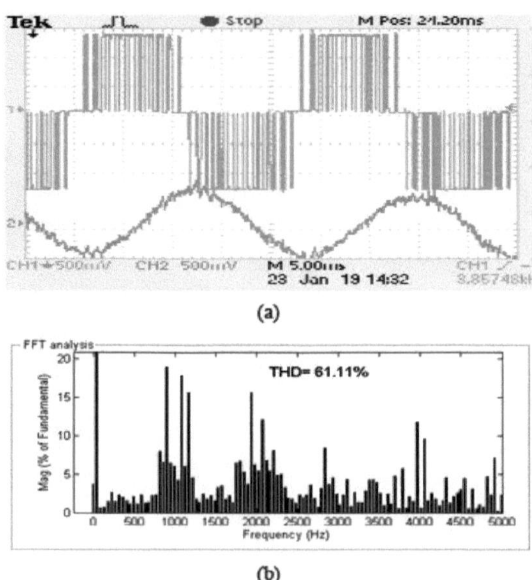

(a)

(b)

Fig. 3.14 (a) Gráficos da tensão de linha (Vab) e da corrente de linha (Ia) (b) Espectro THD da tensão de linha (Vab) com RR-PWM

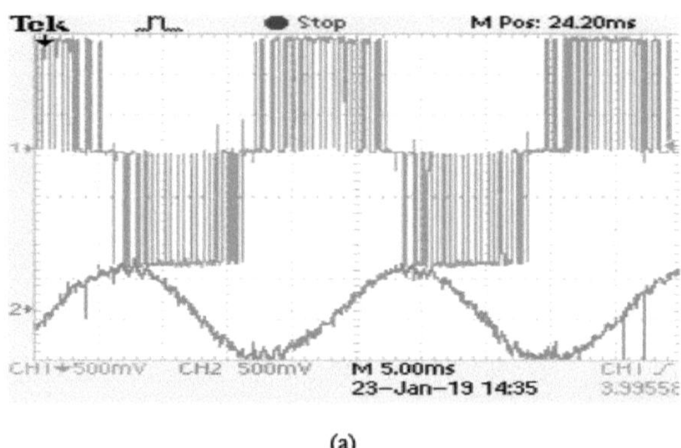

(a)

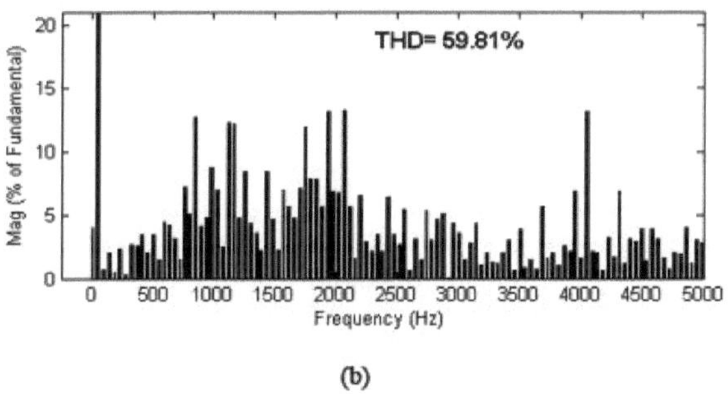

(b)

Fig. 3. 15 (a) Gráficos da tensão de linha (V_{ab}) e da corrente de linha (Ia) (b) Espectro THD da tensão de linha (V_{ab}) com RC-PWM

As Figuras 3.13 a 3.15 mostram a tensão de linha (V_{ab}) e a corrente de linha (I_a) observadas de um inversor de fonte de tensão controlado por V/f alimentado por um conversor IM com várias técnicas PWM em DSO. Para uma tensão de entrada do elo CC de V_{dc} (200), a tensão de linha obtida (V_{ab}) está a assumir níveis de tensão de $-V_{dc}$, 0, V_{dc}. Como os níveis de tensão são os mesmos e apenas se altera a largura ou a posição dos impulsos, observa-se apenas uma pequena alteração na distorção harmónica total (THD). Embora os níveis de tensão sejam os mesmos, as técnicas PWM aleatórias propostas são capazes de alterar a posição do impulso. Assim, a magnitude dos componentes harmónicos nas frequências de comutação é reduzida, como se mostra em
Fig. 3.14 (b) e Fig. 3.15 (b) quando comparadas com a Fig. 3.13 (b). Como a magnitude dos harmónicos é reduzida, o ruído acústico pode ser atenuado utilizando as técnicas PWM aleatórias propostas.

3.6 Acionamento de Motor de Indução com Controlo Vetorial usando Técnicas de PWM Aleatório:

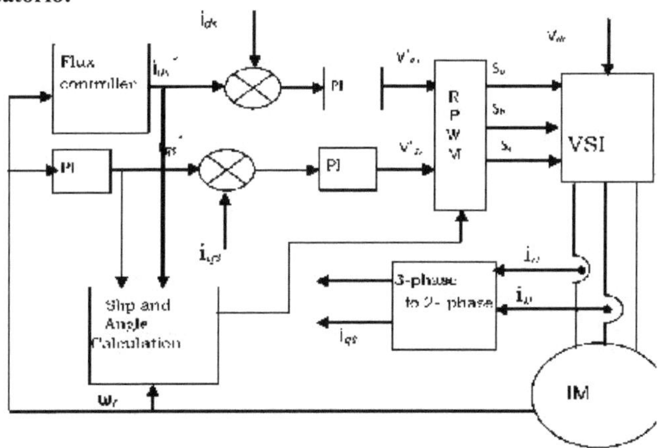

Fig. 3.16 Diagrama esquemático do acionamento do motor de indução controlado por vetor

Para melhorar o desempenho transitório do motor, o binário e o fluxo são controlados de forma independente, o que é possível através das técnicas populares de circuito fechado, como o controlo vetorial e o controlo direto do binário. Neste trabalho, é dada especial atenção à técnica de controlo vetorial. O diagrama esquemático do acionamento do motor de indução com controlo vetorial utilizando algoritmos RPWM é apresentado na Fig. 3.16. Na técnica de controlo apresentada, tanto o binário como o fluxo são regulados de forma indireta através dos controladores PI dos eixos d e q, que geram os sinais de referência dos eixos d e q (I_{ds}^* e I_{qs}^*). Estes sinais são comparados com os sinais de corrente actuais (I_{ds} e I_{qs}). Ao enviar os sinais de erro para os controladores PI, são geradas tensões bifásicas. Estes sinais serão convertidos em sinais trifásicos e enviados para o bloco RPWM, onde serão gerados os impulsos, tal como referido nas secções 3.3 e 3.4.

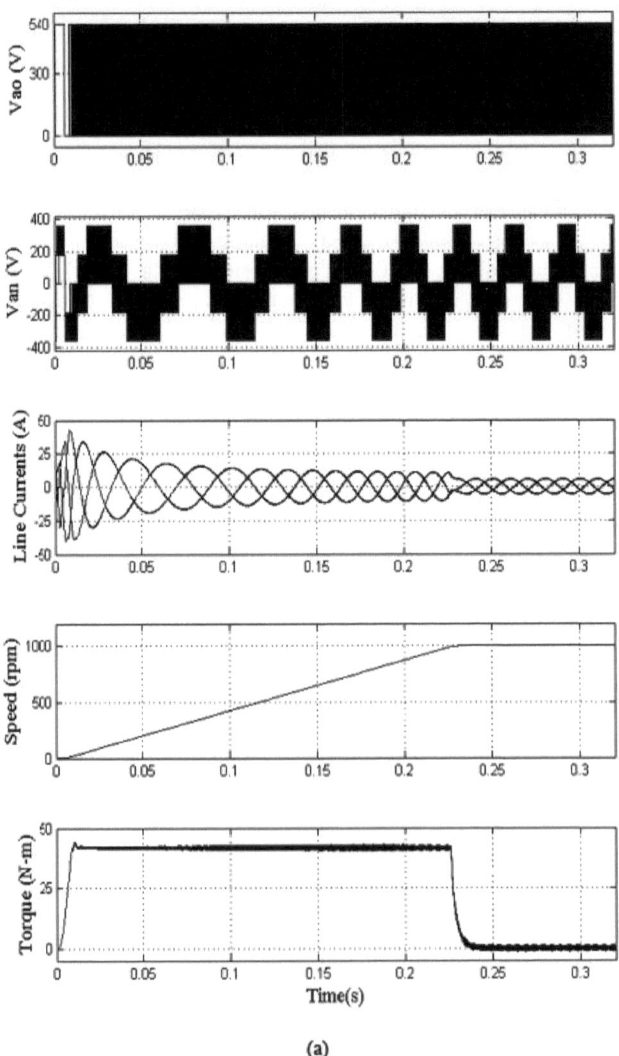

(a)

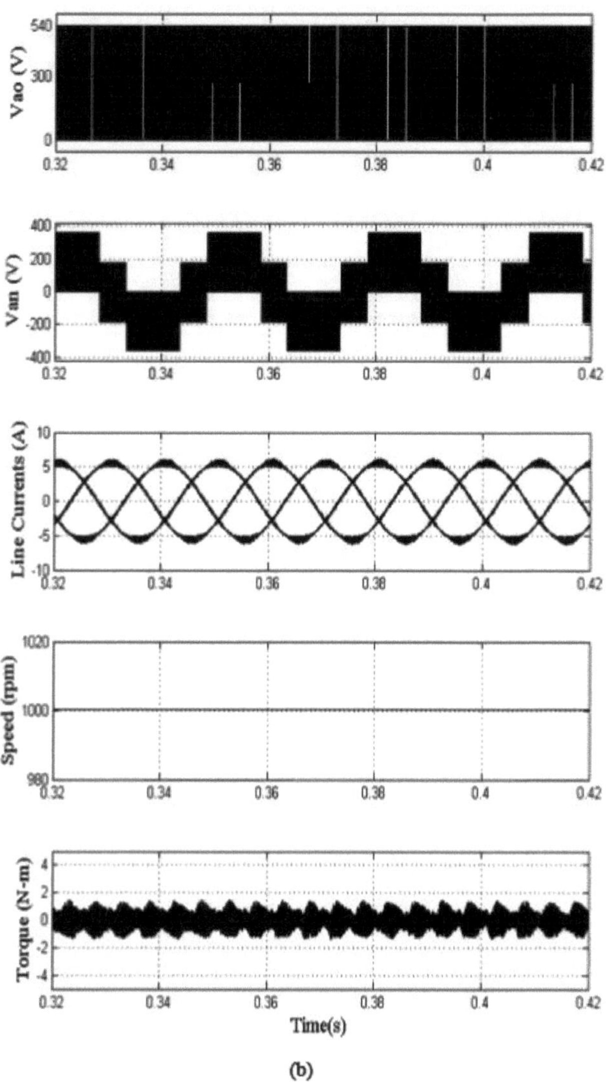
Vao (V)
540
300
0
0.32
0.34
0.36
0.38
0.4
0.42
Van (V)
400
200
0
-200
-400
Line Currents (A)
10
5
0
-5
-10
Speed (rpm)
1020
1000
980
Torque (N-m)
4
2
0
-2
-4
Time(s)

(b)

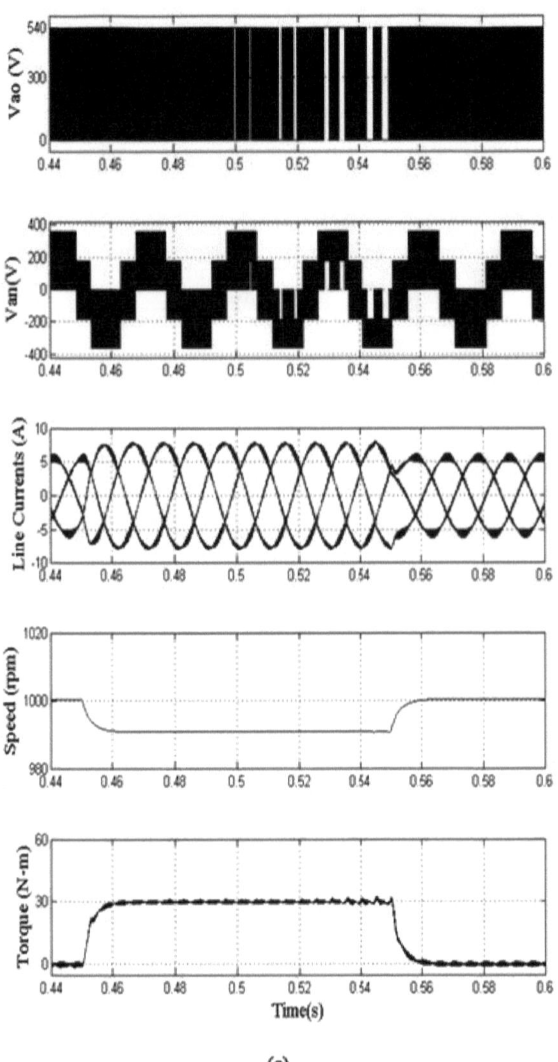

Vao (V)
540
300
0
0.44
0.46
0.48
0.5
0.52
0.54
0.56
0.58
0.6
Van(V)
400
200
0
-200
-400
Line Currents (A)
10
5
0
-5
-10
Speed (rpm)
1020
1000
980
Torque (N-m)
60
30
0
Time(s)

(c)

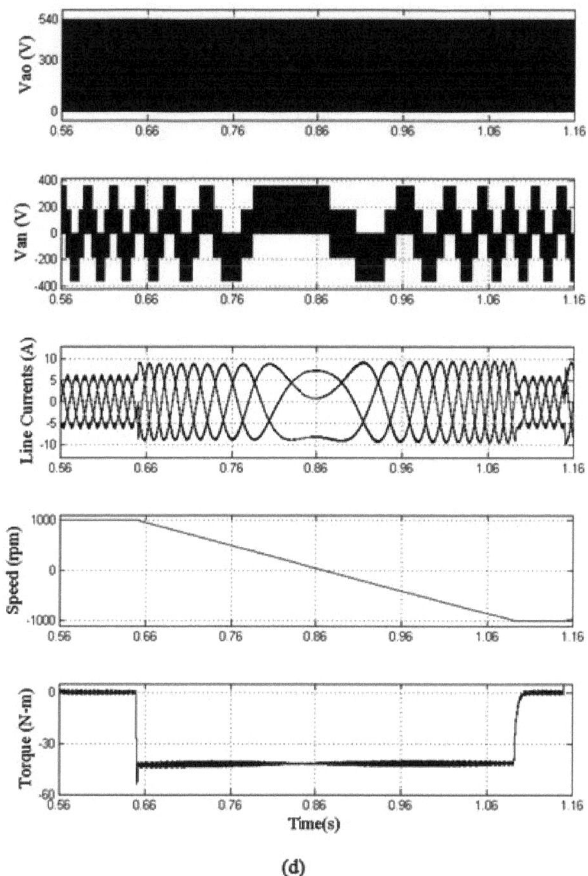

(d)

Fig. 3.17 Análise transitória e de estado estacionário do acionamento do motor de indução de 2 níveis alimentado controlado por vetor com SVPWM (a) Durante a condição de arranque (b) Durante a condição de estado estacionário (c) Durante a condição de carga (d) Durante a condição de inversão de velocidade

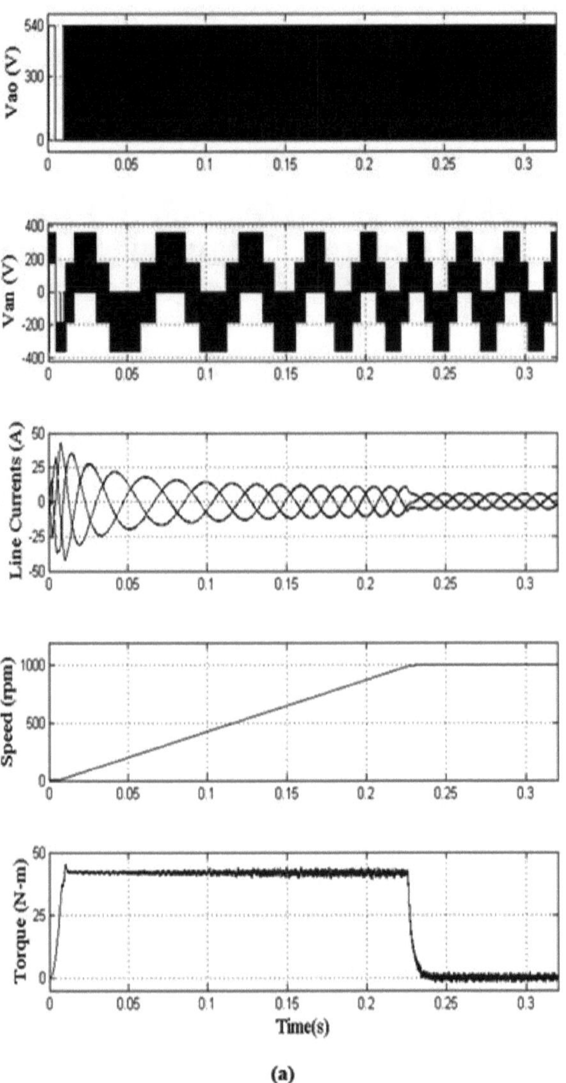

Vao (V)
540
300
0
Van (V)
400
200
0
-200
-400
Line Currents (A)
50
25
0
-25
-50
Speed (rpm)
1000
500
0
Torque (N-m)
50
25
0
0.05
0.1
0.15
0.2
0.25
0.3
Time(s)

(a)

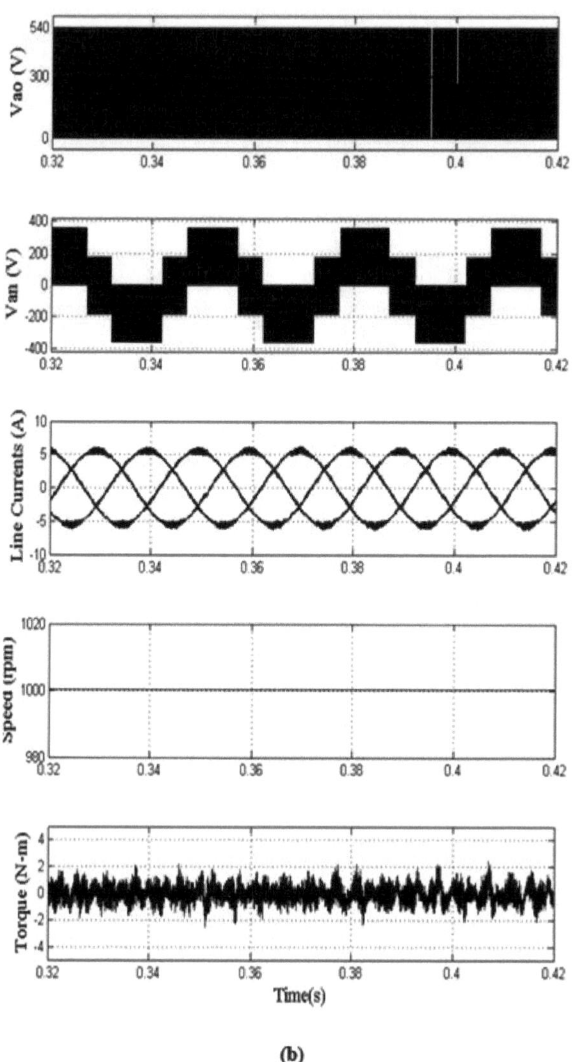

(b)

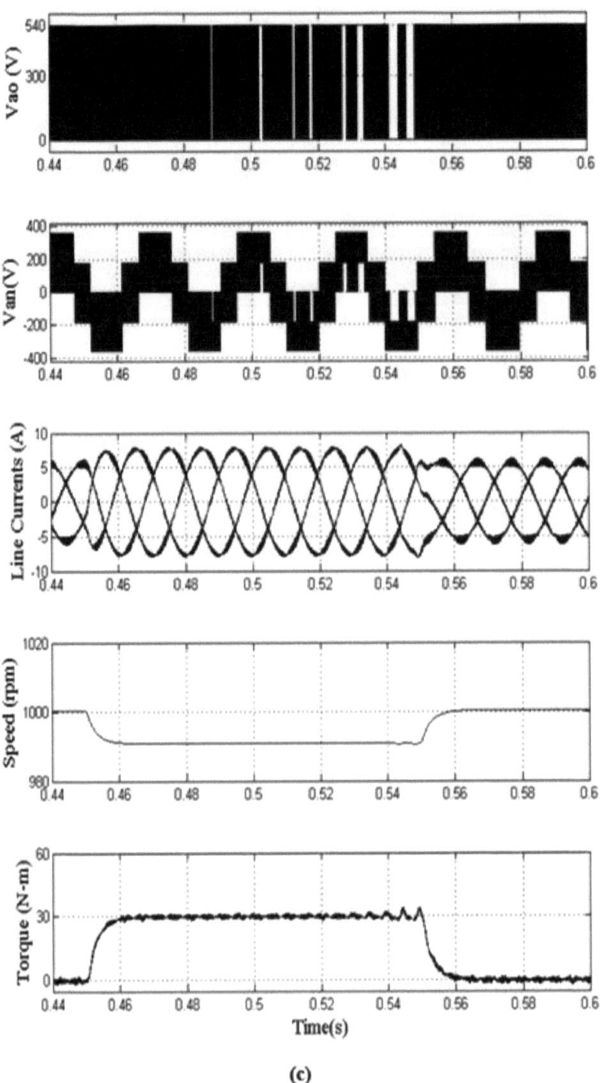
Vao (V)
540
300
0
0.44
0.46
0.48
0.5
0.52
0.54
0.56
0.58
0.6
Van(V)
400
200
0
-200
-400
Line Currents (A)
10
5
0
-5
-10
Speed (rpm)
1020
1000
980
Torque (N-m)
60
30
0
Time(s)

(c)

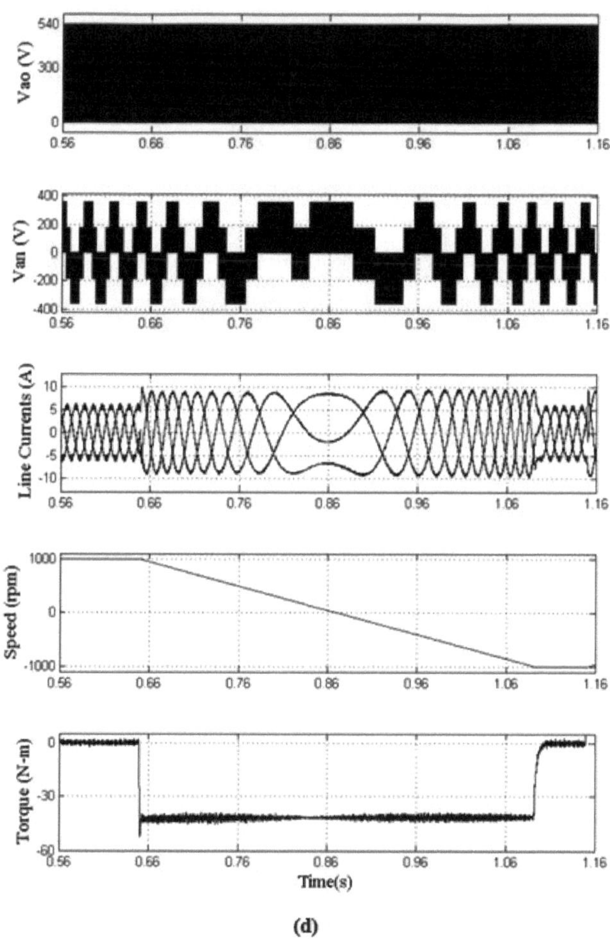

(d)

Fig. 3.18 Análise do estado estacionário em condições transientes do motor de indução de 2 níveis alimentado controlado por vetor com RRPWM (a) Durante a condição de arranque (b) Durante a condição de estado estacionário (c) Durante a condição de carga (d) Durante a condição de inversão de velocidade

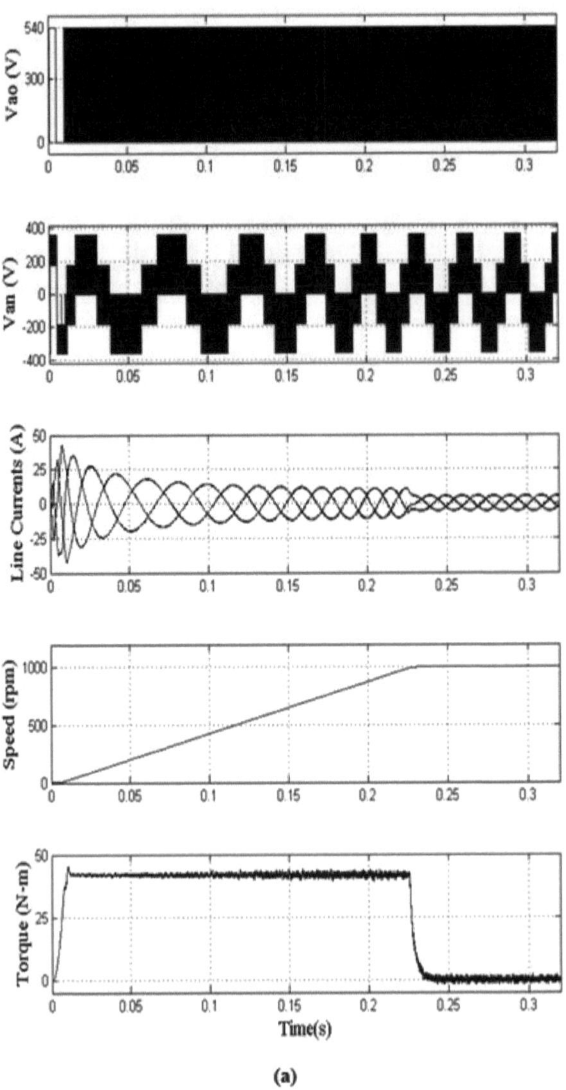

Vao (V)
540
300
0
Van (V)
400
200
0
-200
-400
Line Currents (A)
50
25
0
-25
-50
Speed (rpm)
1000
500
0
Torque (N-m)
50
25
0
0
0.05
0.1
0.15
0.2
0.25
0.3
Time(s)

(a)

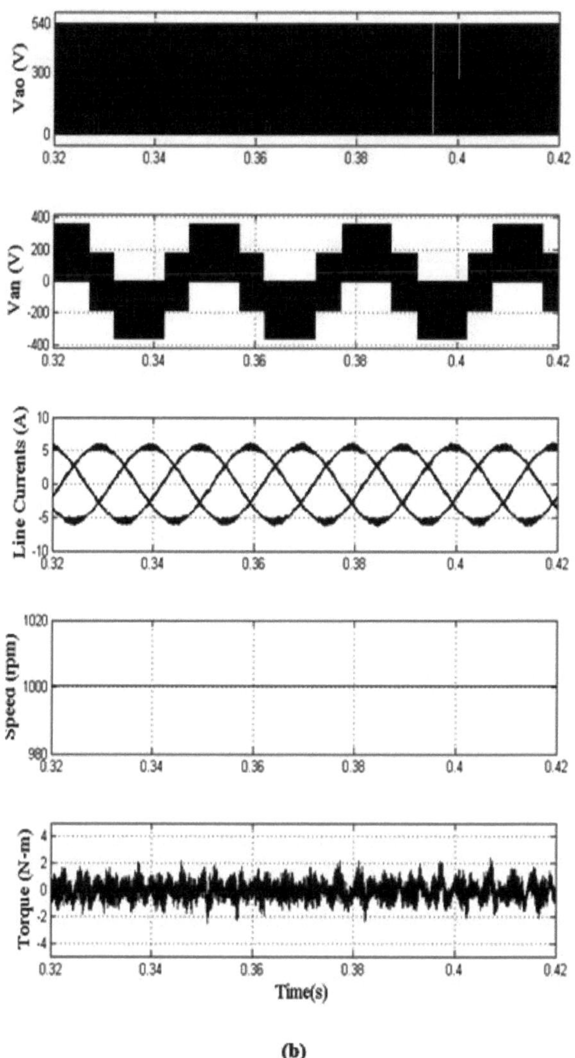
Vao (V)
540
300
0
0.32
0.34
0.36
0.38
0.4
0.42
Van (V)
400
200
0
-200
-400
Line Currents (A)
10
5
0
-5
-10
Speed (rpm)
1020
1000
980
Torque (N-m)
4
2
0
-2
-4
Time(s)

(b)

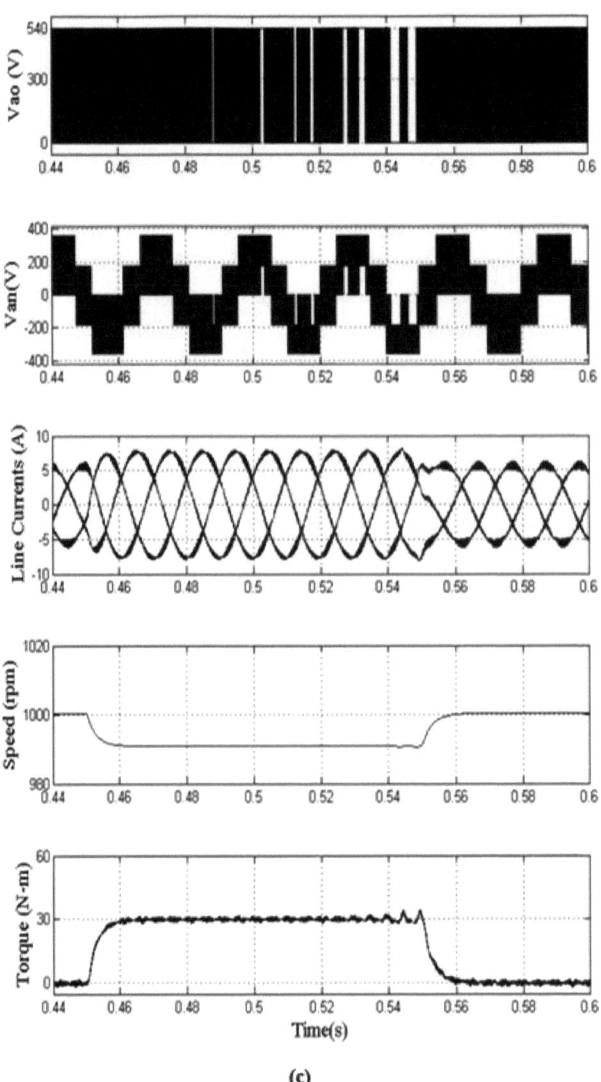
Vao (V)
540
300
0
Van(V)
400
200
0
-200
-400
Line Currents (A)
10
5
0
-5
-10
Speed (rpm)
1020
1000
980
Torque (N-m)
60
30
0
0.44
0.46
0.48
0.5
0.52
0.54
0.56
0.58
0.6
Time(s)

(c)

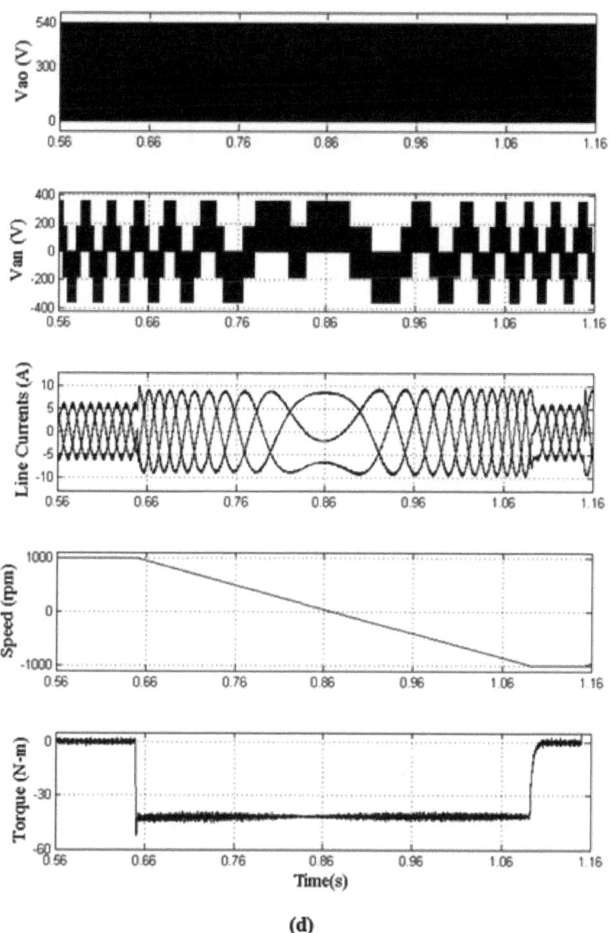

(d)

Fig. 3.18 Análise do estado estacionário em condições transientes do motor de indução de 2 níveis alimentado controlado por vetor com RRPWM (a) Durante a condição de arranque (b) Durante a condição de estado estacionário (c) Durante a condição de carga (d) Durante a condição de inversão de velocidade

Os resultados da simulação do acionamento do motor de indução controlado por vetor durante as condições transitórias e de estado estacionário são apresentados nas Fig. 3.17 a Fig. 3.19. É aplicada uma tensão CC de entrada de 540 e são gerados sinais PWM a uma frequência de 5 kHz. Os parâmetros do motor de indução considerados são Rs=1.57Ω, Kr=1.21Ω, Ls=0.17H, Lr=0.17H, Lm =0.165 H e J = 0.089 Kg.m2.

A partir dos resultados, observa-se que o acionamento funciona com um binário de arranque elevado, pelo que o tempo de arranque é pequeno, o que indica transientes de arranque rápidos. A partir dos resultados em estado estacionário, pode ver-se que o controlo vetorial produz uma menor ondulação do binário em estado estacionário.

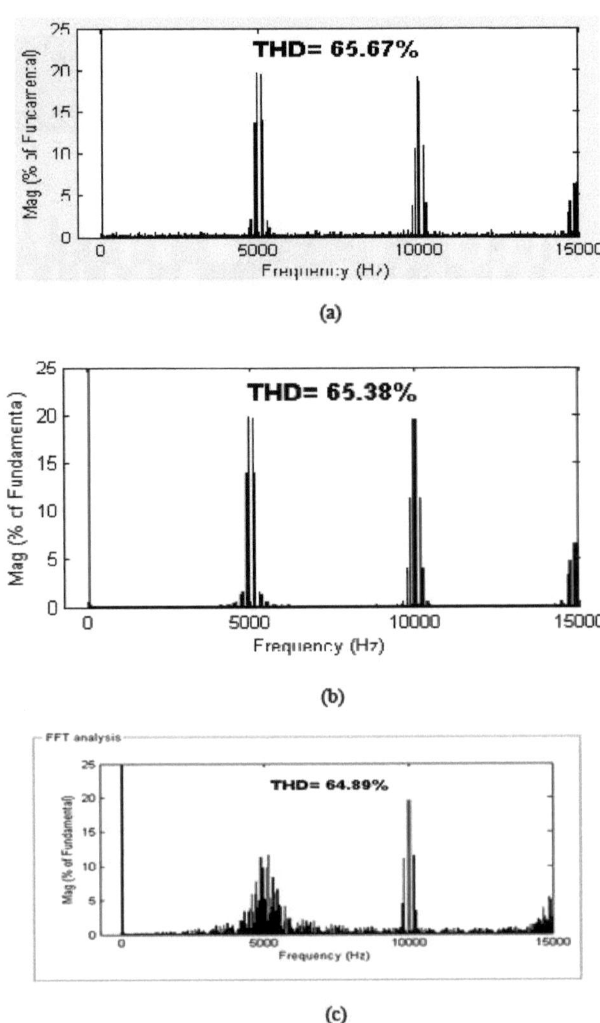

(a)

(b)

(c)

Fig. 3.20 Análise harmónica da tensão de fase com (a) SVPWM (b) RRPWM (c) RCPWM

Os níveis de tensão criados com todos os PWM na tensão de pólo têm uma magnitude de 0 e 540. Como são criados dois níveis na tensão de pólo, o acionamento é designado por acionamento de inversor de dois níveis. Os níveis de tensão criados na tensão de fase têm uma magnitude de 0, ±1/3Vdc, ±2/3Vdc. Os espectros harmónicos da tensão de fase com todas as técnicas PWM são apresentados na Fig. 3.20. Observa-se que, com o RCPWM, a magnitude dos harmónicos nas frequências de comutação e em torno delas, ou seja, 5 kHz, 10 kHz e 15 kHz, é reduzida. Assim, o ruído acústico pode ser reduzido.

Os resultados da simulação do acionamento do motor de indução controlado por vetor durante as condições de estado estacionário à frequência de comutação de 1 kHz são apresentados nas Fig. 3.21 a Fig. 3.23. Os espectros harmónicos da tensão de fase com todas as técnicas PWM são apresentados na Fig. 3.24. Observa-se que, com o RCPWM, a magnitude dos harmónicos dentro e à volta das frequências de comutação é reduzida, ou seja, 1 kHz, 2 kHz, 3 kHz ... Assim, o ruído acústico pode ser reduzido.

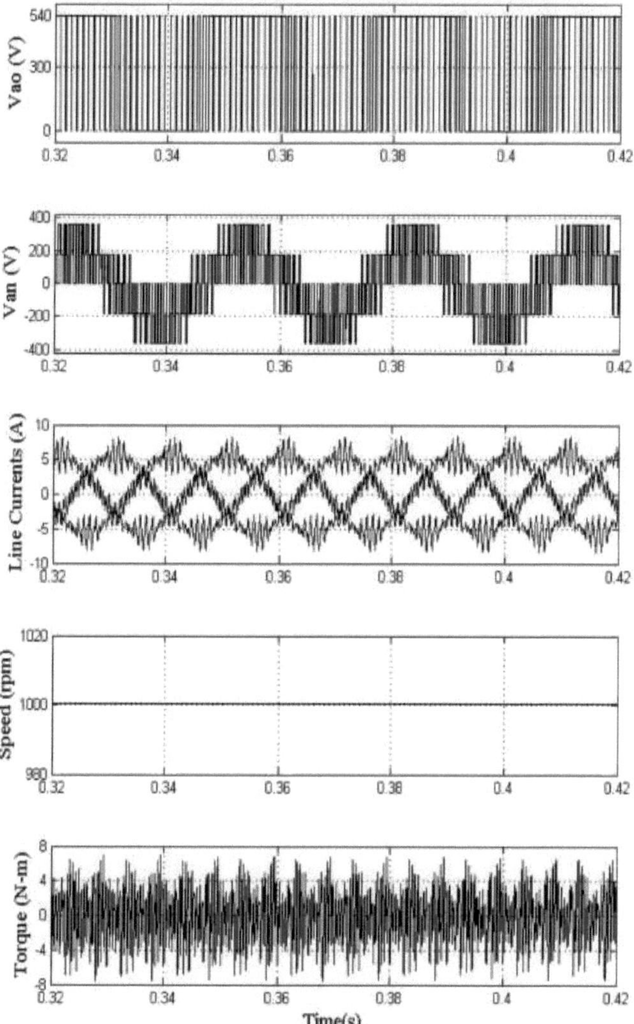

Fig. 3.21 Análise do estado estacionário da indução alimentada de 2 níveis controlada por vetor

Acionamento do motor com SVPWM a 1 kHz de frequência de comutação

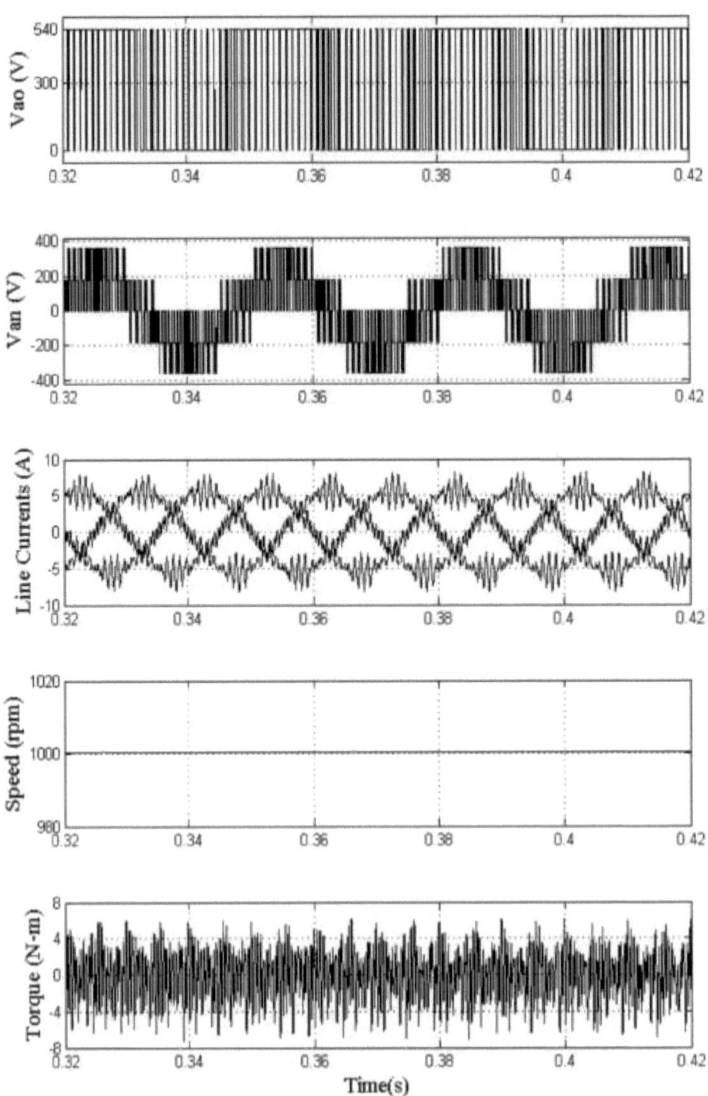

Fig. 3.22 Análise do estado estacionário da indução alimentada de 2 níveis controlada por vetor

Acionamento de motor com RRPWM a 1 kHz de frequência de comutação

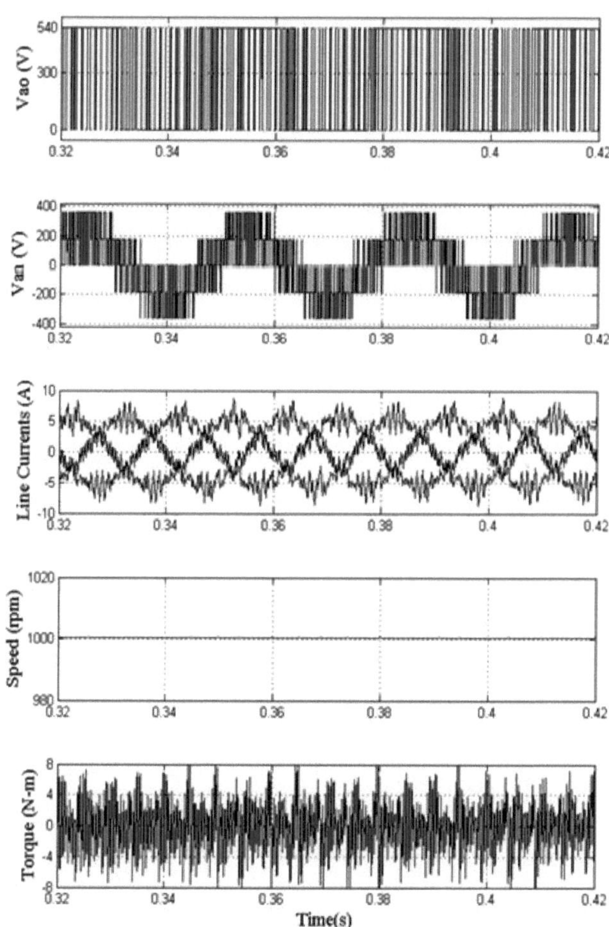

Fig. 3.23 Análise do estado estacionário do acionamento do motor de indução de 2 níveis alimentado controlado por vetor com RCPWM a 1 kHz de frequência de comutação

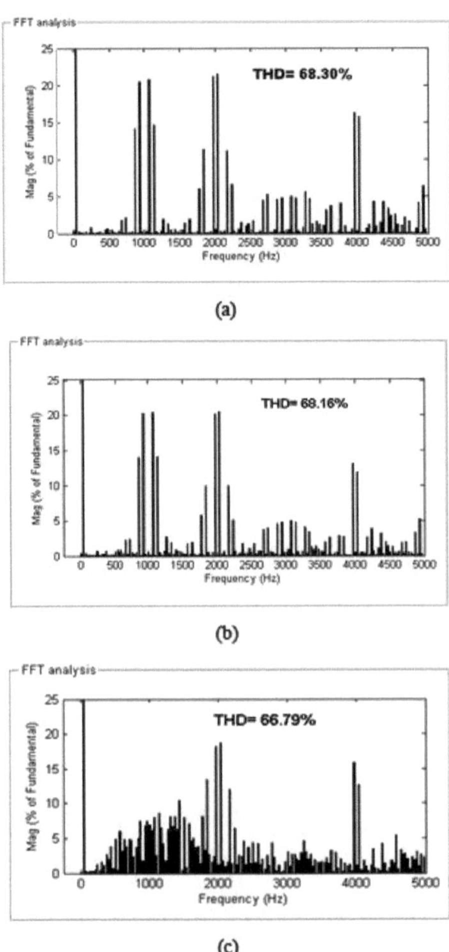

(c)

Fig. 3.24 Análise harmónica da tensão de fase a 1 kHz com (a) SVPWM (b) RRPWM (c) RCPWM

3.7 Resumo:

É apresentada a simulação e a implementação experimental de técnicas PWM aleatórias de frequência de comutação constante para o acionamento de motores de indução. A partir dos resultados, observa-se que, com o PWM de portadora aleatória, a magnitude dos harmónicos é reduzida nas frequências de comutação e em torno delas. Assim, o motor funciona com baixo ruído acústico e a interferência nos sistemas electrónicos próximos é reduzida. Além disso, a implementação de técnicas PWM na comparação de portadoras é simples e não envolve quaisquer cálculos complexos como na abordagem vetorial espacial digital.

Técnicas de PWM aleatórias de frequência de comutação variável para Motor de Indução Alimentado por Inversor

4.1 Introdução:

O desempenho das técnicas PWM aleatórias de frequência de comutação constante, como os esquemas de modulação da posição do impulso e os esquemas de modulação da largura do impulso, foi estudado no capítulo anterior. Embora estas técnicas PWM apresentem um desempenho eficaz, para aumentar o desempenho são propostas neste capítulo técnicas PWM de frequência de comutação variável. Se a variação da frequência de comutação for elevada, a conceção do filtro tornar-se-á difícil. Por isso, neste capítulo, a variação da frequência é limitada a± 10%. As técnicas PWM baseadas na frequência fixa produzem menos ruído, mas a amplitude harmónica nos múltiplos da frequência de comutação e à volta deles é elevada. No entanto, as técnicas PWM baseadas em frequências aleatórias propostas proporcionam um espetro alargado, juntamente com amplitudes harmónicas reduzidas na frequência de comutação e em torno desta. Assim, o nível de ruído será ainda mais reduzido quando comparado com os métodos PWM de frequência de comutação fixa. Para validar as técnicas PWM propostas, foram efectuados estudos experimentais e de simulação e apresentados os resultados.

4.2 Técnicas de PWM baseadas em frequência variável:

Nestes tipos de técnicas PWM aleatórias, a frequência do sinal portador varia numa banda de frequência ampla (fs ± 500 Hz).

4.2.1 Técnica de PWM aleatório de frequência de comutação variável (VSF-RPWM):

O diagrama de blocos que ilustra o PWM aleatório de frequência de comutação variável (VSF-RPWM) é apresentado na Fig. 4.1. Na Fig. 4.1, o bloco gerador de frequências aleatórias gera aleatoriamente uma frequência de ±500 da frequência de comutação de base (5000 Hz). Com base nesta frequência, o bloco gerador do sinal portador gera um sinal portador de frequência de comutação variável. Neste VSF-RPWM, o sinal portador de frequência de comutação variável de saída é comparado com o sinal de modulação contínua para gerar sinais de controlo.

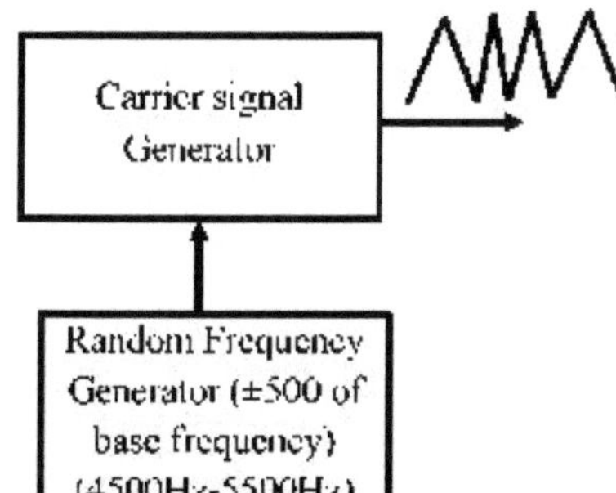

Fig. 4.1 Diagrama de blocos ilustrando o esquema de geração do sinal da portadora de frequência de comutação variável

A correlação entre a portadora e a abordagem digital para VSF-RPWM pode ser obtida através de uma simples alteração aleatória dos tempos Ts ($Ts = \frac{1}{f_S}$).

4.2.2 Técnica de seleção aleatória da portadora e PWM de frequência de comutação variável aleatória (RCRVSF-PWM):

Neste tipo de técnica PWM, em vez de se utilizar um sinal portador de frequência de comutação variável aleatória, são utilizados dois conjuntos (sinais portadores positivos e negativos) de sinais portadores de frequência de comutação variável aleatória. A seleção entre os sinais portadores de frequência de comutação variável positiva e negativa é feita de forma aleatória. O diagrama de blocos que ilustra o RCRVSF-PWM é apresentado na Fig. 4.2. Na Fig. 4.2, o gerador de sinais de portadora gera ambos os sinais de portadora (sinais de portadora positivos e negativos) com uma frequência de comutação variável aleatória. Estes dois sinais são alimentados como entradas para o seletor de portadora. Com base no gerador aleatório, o seletor de portadora seleciona aleatoriamente o sinal de portadora positivo e negativo. A saída do seletor de portadora será uma mistura de sinais de portadora de frequência de comutação variável positiva e negativa. O sinal de portadora misturado (sinais de portadora positivos e negativos) é comparado com o sinal de modulação contínua para gerar sinais de controlo.

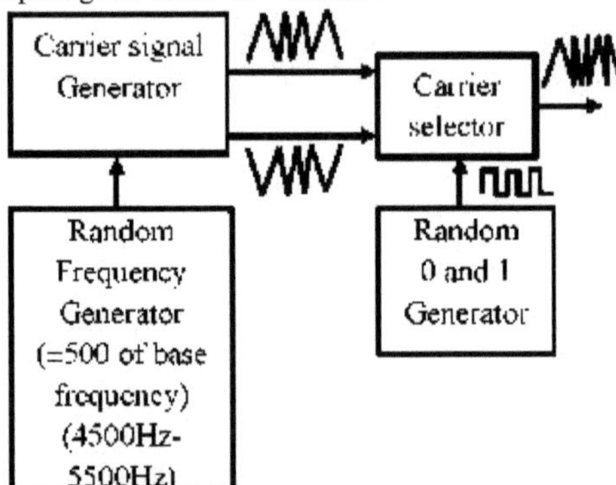

Fig. 4.2 Diagrama de blocos ilustrando a seleção aleatória da portadora e a técnica PWM de frequência de comutação variável aleatória

4.3 Resultados e discussão:

Para validar o desempenho das técnicas PWM aleatórias de frequência de comutação variável propostas, são efectuados estudos de simulação no ambiente MATLAB Simulink. Os resultados da simulação do padrão de impulsos com a abordagem de comparação de portadoras e a abordagem de vetor espacial para todas as técnicas PWM aleatórias de frequência de comutação variável são apresentados na Fig. 4.3. Para a comparação do padrão de impulsos, os estudos de simulação são efectuados a uma frequência de comutação de 1 kHz. Para o padrão de impulsos apresentado na Fig. 4.3, observa-se que a abordagem por comparação de portadoras e a abordagem digital baseada em vectores espaciais dão resultados idênticos. Assim, pode utilizar-se uma forma mais simples para gerar vários padrões de impulsos.

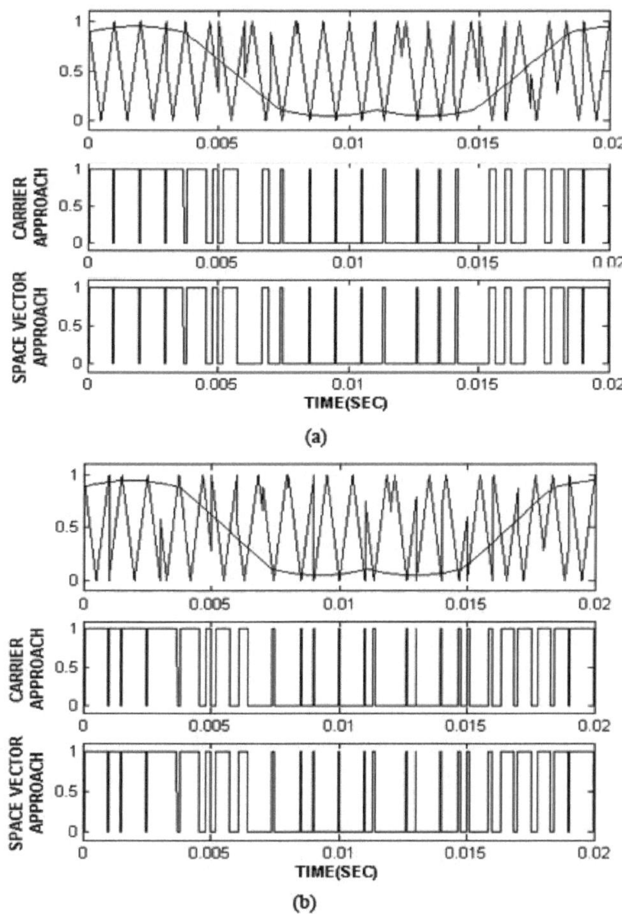

Fig. 4.3 Resultados da simulação do padrão de impulsos das técnicas PWM de frequência de comutação variável com abordagem de comparação de portadoras e abordagem de vetor espacial (a) VSF-RPWM (b) RCVSF-PWM

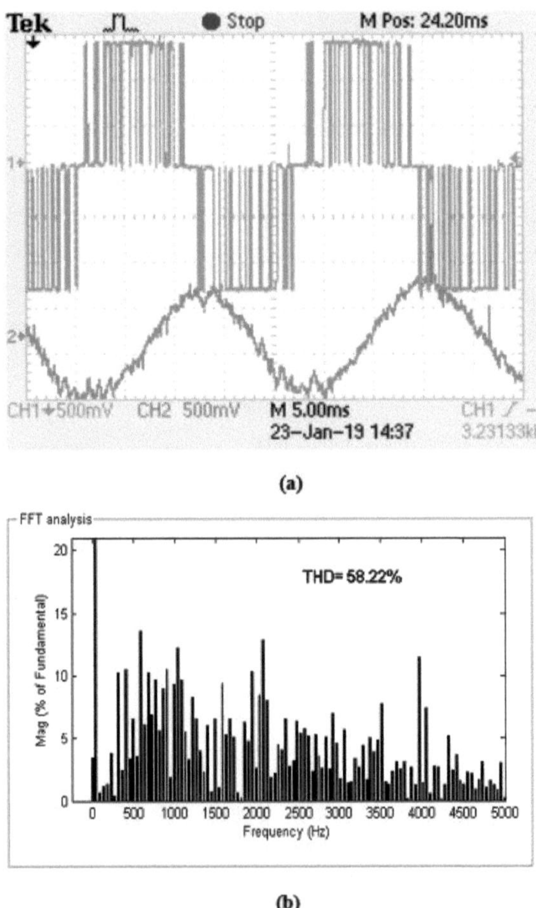

(a)

(b)

Fig. 4.4 (a) Gráficos da tensão de linha (Vab) e da corrente de linha (Ia) (b) Espectro THD da tensão de linha (Vab) com VSF-RPWM

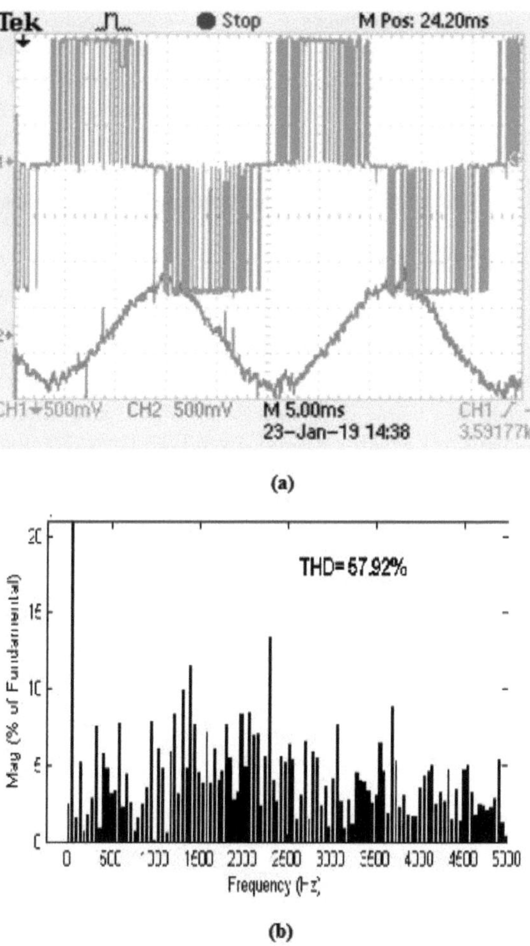

(a)

(b)

Fig. 4.5 (a) Gráficos da tensão de linha (Vab) e da corrente de linha (Ia) (b) Espectro THD da tensão de linha (Vab) com RCVSF-PWM

Para testar o desempenho das técnicas PWM aleatórias de frequência de comutação variável, são efectuados estudos de controlo v/f em circuito aberto. Nos estudos experimentais, o módulo inversor de fonte de tensão de 9,2 kVA é ligado ao acionamento do motor de indução. É aplicada uma tensão de entrada de 200V e os sinais PWM de frequência de comutação variável são gerados utilizando a placa de controlo dSPACE. A frequência varia numa banda de ±100Hz de 1kHz. Os resultados experimentais da tensão de linha e da corrente de linha com técnicas PWM aleatórias de frequência de comutação variável são apresentados nas Fig. 4.4 e Fig. 4.5. A partir dos resultados, observa-se que o VSI de dois níveis gerou três níveis diferentes de tensão - V_{dc}, 0, V_{dc} para uma tensão de entrada de V_{dc} com todas as técnicas PWM aleatórias de frequência de comutação variável. Apenas se observa uma alteração na largura da tensão mantendo o mesmo passo de tensão. À medida que a frequência muda numa banda de ± 100 Hz, a posição do impulso muda, pelo que a magnitude dos harmónicos é reduzida em múltiplos das frequências de comutação e à volta destes. As magnitudes das harmónicas em múltiplos das frequências de comutação são reduzidas ao alterar (aumentar ou diminuir) as frequências de comutação, como se observa no espetro de harmónicas apresentado nas Fig. 4.4(b) a Fig. 4.5(b). Como a magnitude dos harmónicos é reduzida, o ruído acústico também pode ser reduzido.

4.4 Acionamento do motor de indução com controlo vetorial utilizando comutação variável

Técnicas de PWM de frequência aleatória:

O diagrama esquemático do acionamento do motor de indução com controlo vetorial utilizando algoritmos RPWM de frequência de comutação variável é apresentado na Fig. 4.6. No bloco RPWM, é aplicada uma frequência de comutação variável de 5 kHz com uma variação na banda de frequência de ±500 ao gerar sinais de controlo. Para a análise da simulação, é aplicada uma tensão de entrada de 540V. Os parâmetros utilizados para o motor de indução são KB=1.57Ω, Rr =1.21Ω, Ls=0.17H, Lr=0.17H, Lm =0.165 H e J = 0.089 Kg.m2. Devido ao controlo desacoplado, o conversor de frequência tem um binário de arranque elevado, o que conduz a transientes de arranque rápidos. Os transientes de arranque e a análise estável do conversor com as técnicas PWM aleatórias de frequência de comutação variável são apresentados nas Fig. 4.7 e Fig. 4.8.

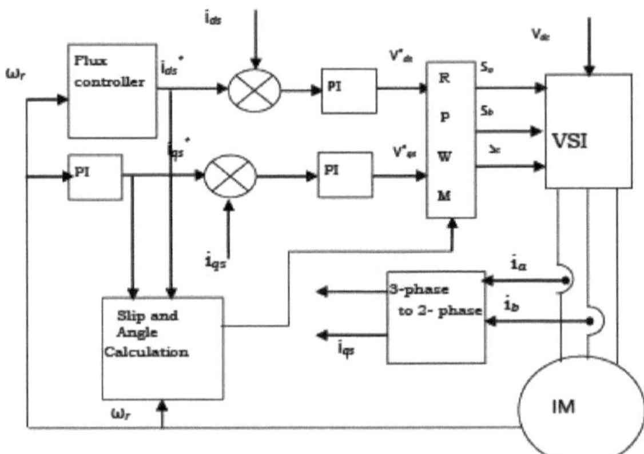

Fig. 4.6 Diagrama esquemático do acionamento de motor de indução controlado por vetor com algoritmo RPWM de frequência de comutação variável.

A partir da Fig. 4.7 e da Fig. 4.8, especialmente das formas de onda da tensão, pode-se observar que todas as técnicas PWM geram as tensões em passos de ±2Vdc/3,±Vdc/3 e 0. Assim, há apenas uma pequena diferença na THD. A partir dos resultados da simulação da THD da tensão, pode ver-se que as magnitudes dos harmónicos nas frequências de comutação e em torno delas são reduzidas com as técnicas VSF-PWM e RCVSF-PWM em comparação com as técnicas SVPWM. Como a frequência de comutação é variada numa banda de ±500 Hz, a conceção do filtro também se torna mais fácil. Além disso, os métodos PWM aleatórios de frequência de comutação variável propostos produzem espectros dispersos de distorção harmónica da tensão, o que resulta numa redução do ruído acústico e da interferência electromagnética.

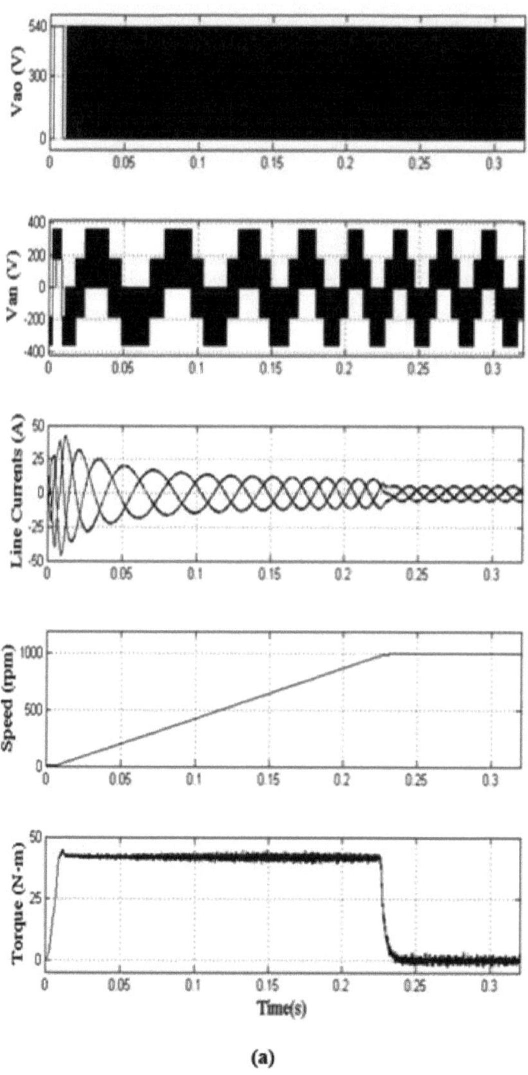

Vao (V)
540
300
0
Van (V)
400
200
0
-200
-400
Line Currents (A)
50
25
0
-25
-50
Speed (rpm)
1000
500
0
Torque (N-m)
50
25
0
0
0.05
0.1
0.15
0.2
0.25
0.3
Time(s)

(a)

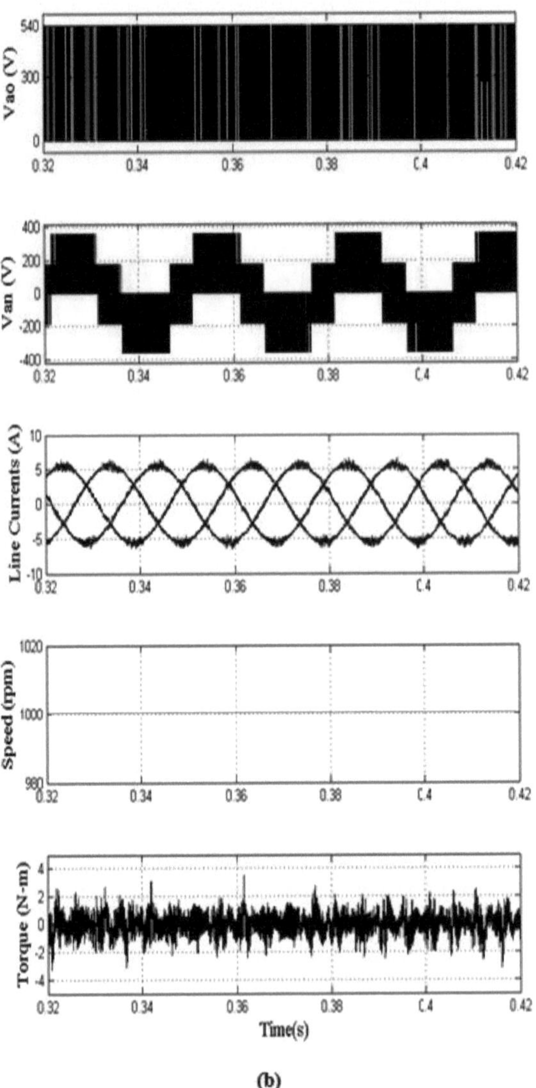

Vao (V)
540
300
0
Van (V)
400
200
0
-200
-400
Line Currents (A)
10
5
0
-5
-10
Speed (rpm)
1020
1000
980
Torque (N-m)
4
2
0
-2
-4
0.32
0.34
0.36
0.38
0.4
0.42
Time(s)

(b)

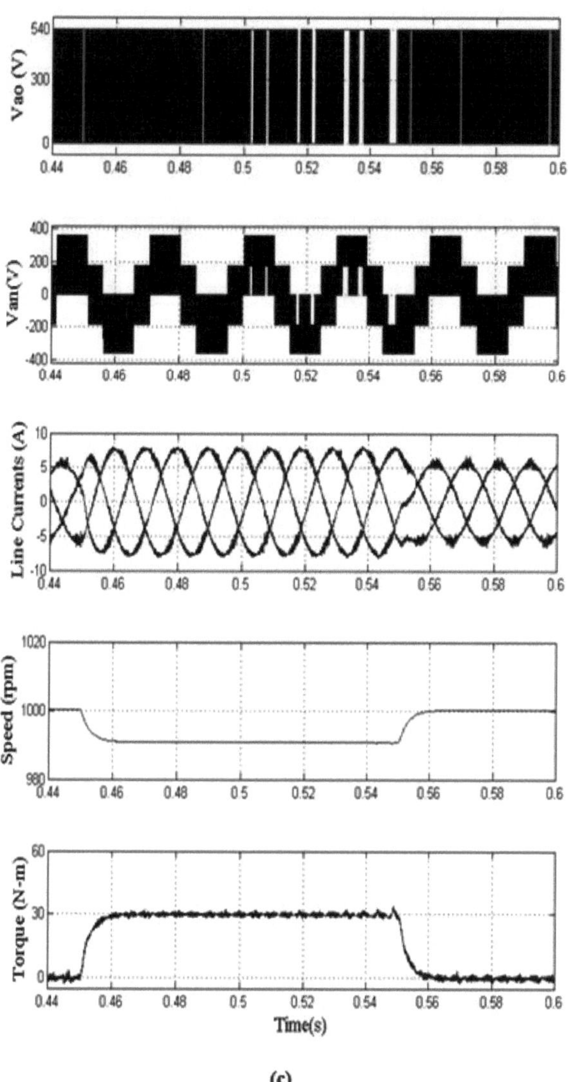
Vao (V)
540
300
0
0.44
0.46
0.48
0.5
0.52
0.54
0.56
0.58
0.6
Van(V)
400
200
0
-200
-400
Line Currents (A)
10
5
0
-5
-10
Speed (rpm)
1020
1000
980
Torque (N-m)
60
30
0
Time(s)

(c)

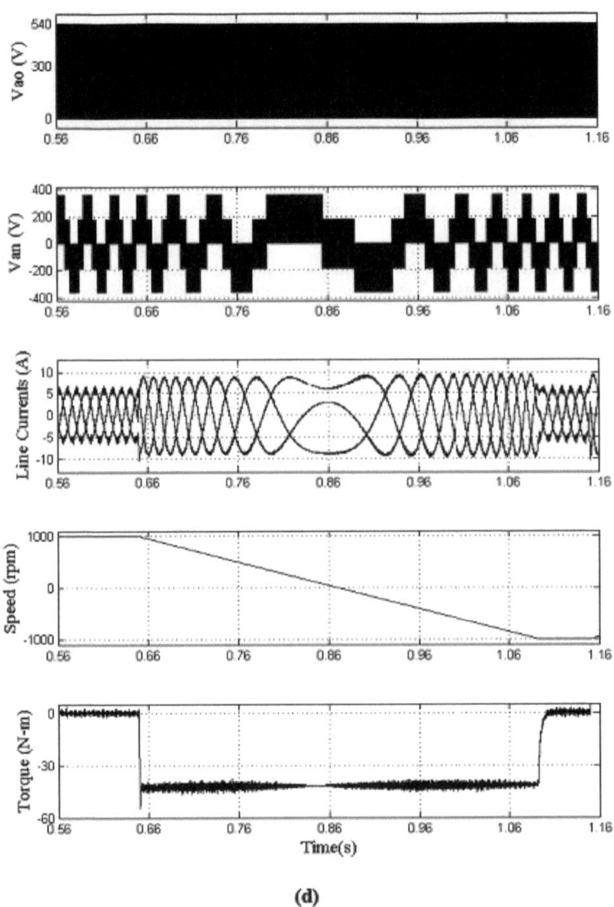

(d)

Fig. 4.7 Análise transitória e de estado estacionário do motor de indução de 2 níveis alimentado controlado por vetor com VSF-RPWM (a) Durante a condição de arranque (b) Durante a condição de estado estacionário (c) Durante a condição de carga (d) Durante a condição de inversão de velocidade

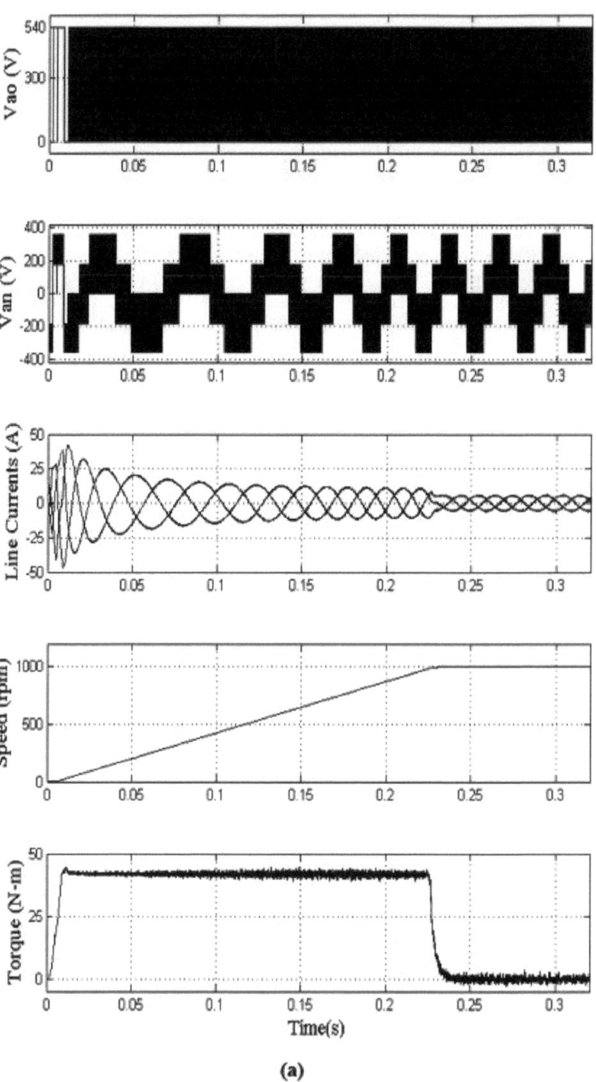

Vao (V)
540
300
0
Van (V)
400
200
0
-200
-400
Line Currents (A)
50
25
0
-25
-50
Speed (rpm)
1000
500
0
Torque (N-m)
50
25
0
0
0.05
0.1
0.15
0.2
0.25
0.3
Time(s)

(a)

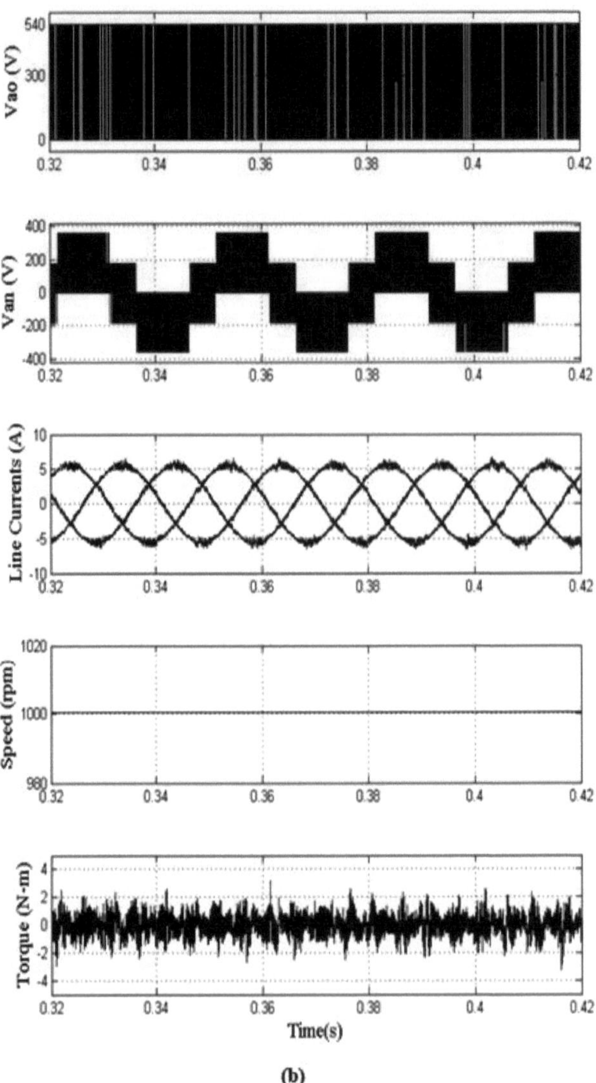

Vao (V)
540
300
0
0.32
0.34
0.36
0.38
0.4
0.42
Van (V)
400
200
0
-200
-400
Line Currents (A)
10
5
0
-5
-10
Speed (rpm)
1020
1000
980
Torque (N-m)
4
2
0
-2
-4
Time(s)

(b)

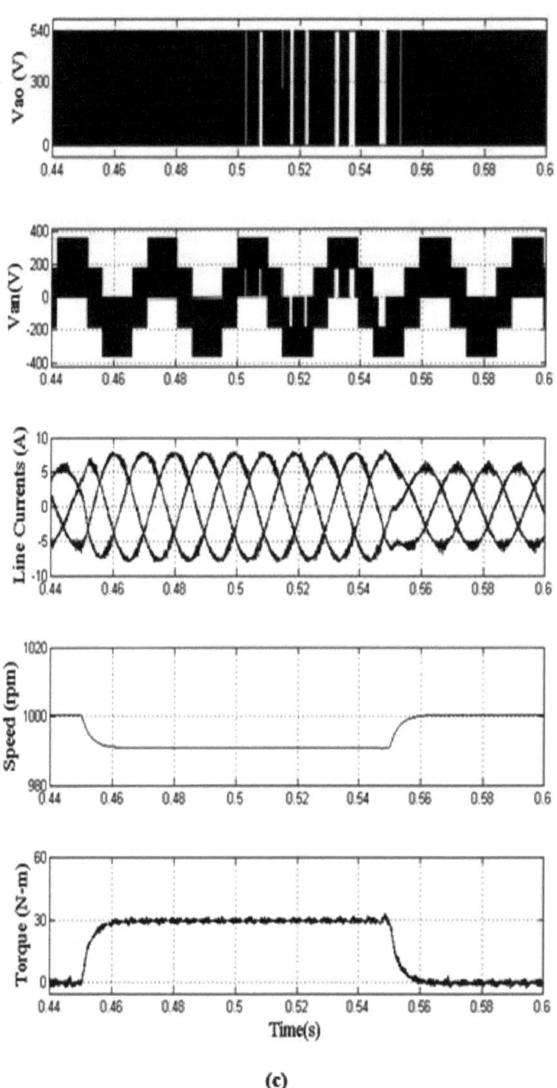
540
300
0
Vao (V)
0.44
0.46
0.48
0.5
0.52
0.54
0.56
0.58
0.6
400
200
0
-200
-400
Van(V)
10
5
0
-5
-10
Line Currents (A)
1020
1000
980
Speed (rpm)
60
30
0
Torque (N-m)
Time(s)

(c)

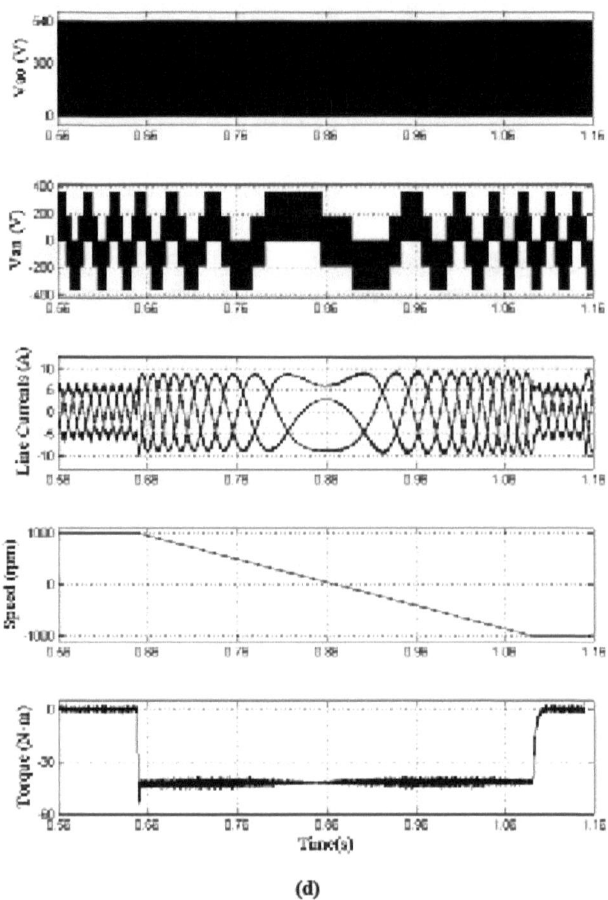

(d)

Fig. 4.8 Análise transitória e de estado estacionário do motor de indução de 2 níveis alimentado controlado por vetor com RCVSF-PWM (a) Durante a condição de arranque (b) Durante a condição de estado estacionário (c) Durante a condição de carga (d) Durante a condição de inversão de velocidade

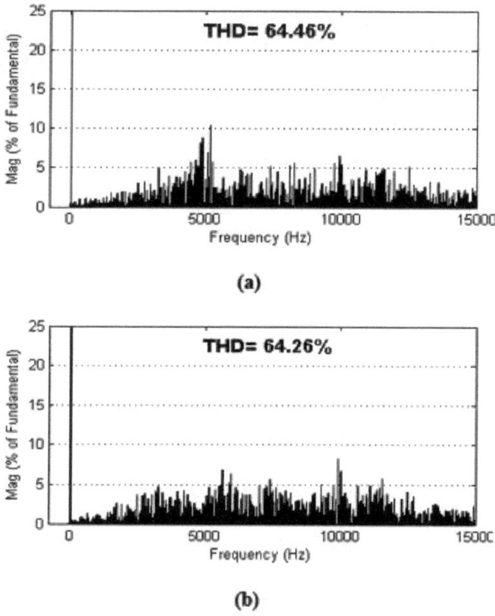

Fig. 4.9 Análise harmónica da tensão de fase com (a) VSF-RPWM (b) RCVSF-PWM

A partir da Fig. 4.10 e da Fig. 4.11, especialmente das formas de onda da tensão, pode observar-se que todas as técnicas PWM geram as tensões em passos de ±2Vdc/3,±Vdc/3 e 0 com 1kHz também. Por conseguinte, existe apenas uma pequena diferença na THD. A partir dos resultados da simulação da THD da tensão, pode ver-se que as magnitudes dos harmónicos nas frequências de comutação e em torno delas (1 kHz, 2 kHz, 3 kHz...) são reduzidas com ambas as técnicas.

As técnicas VSF-PWM e RCVSF-PWM são mais eficazes do que as técnicas SVPWM. Como a frequência de comutação é variada numa banda de ±500 Hz, a conceção do filtro também se torna mais fácil. Além disso, os métodos PWM aleatórios de frequência de comutação variável propostos produzem espectros dispersos de distorção harmónica da tensão, o que resulta numa redução do ruído acústico e da interferência electromagnética.

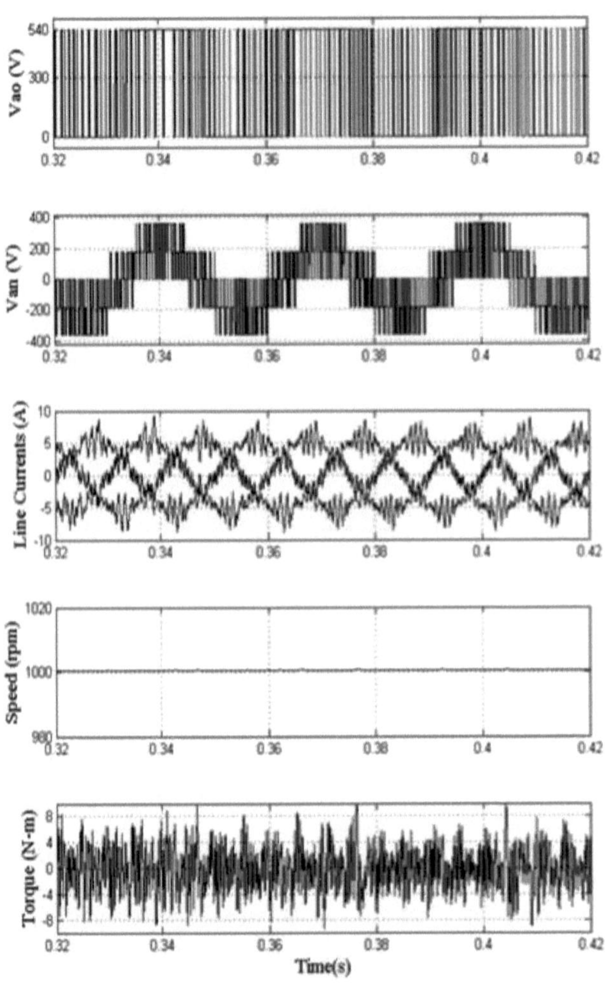

Fig. 4.10 Análise do estado estacionário do acionamento do motor de indução de 2 níveis alimentado controlado por vetor com VSF-RPWM a uma frequência de comutação de 1 kHz

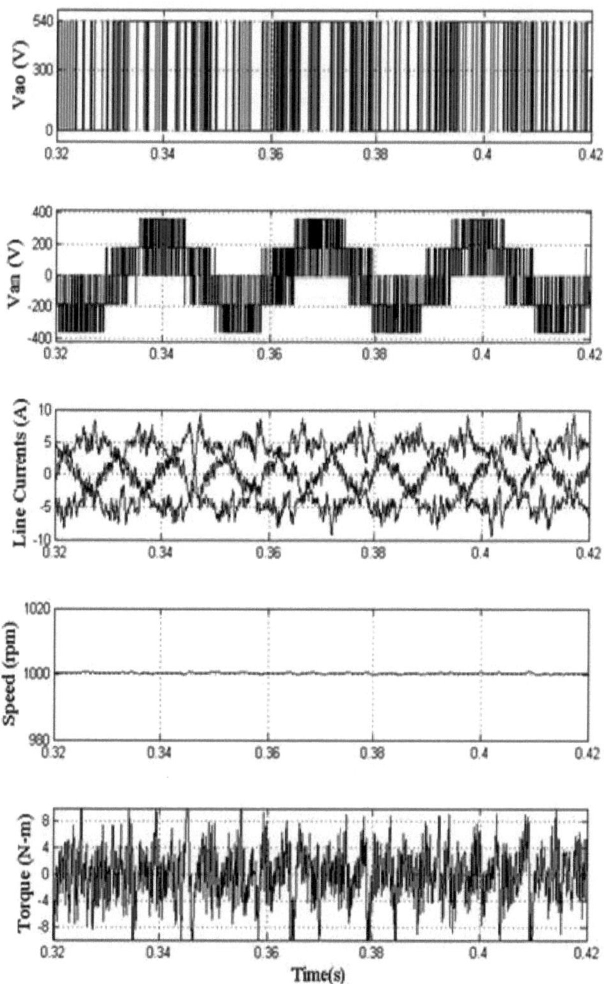

Fig. 4.11 Análise do estado estacionário do acionamento do motor de indução de 2 níveis alimentado controlado por vetor com RCVSF-PWM a uma frequência de comutação de 1 kHz

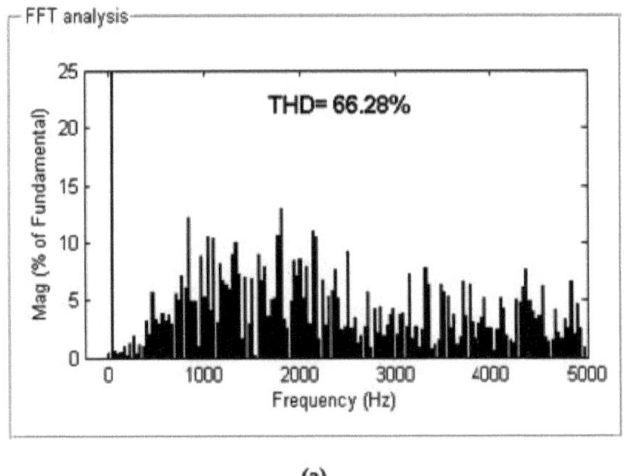

(a)

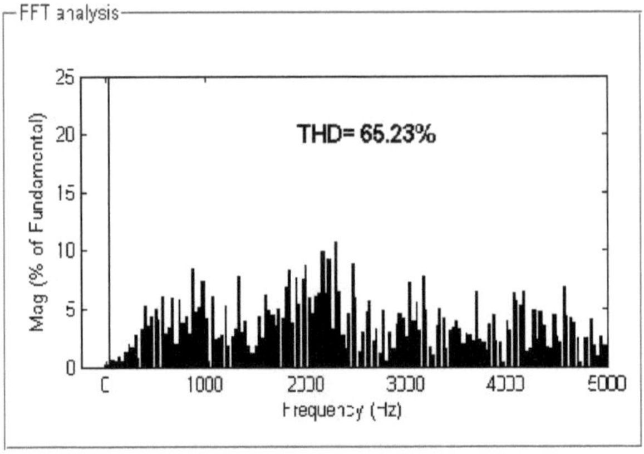

(b)

Fig. 4.12 Análise harmónica da tensão de fase a 1 kHz com (a) VSF-RPWM (b) RCVSF-PWM

4.5 Resumo:

É apresentada a simulação e a implementação experimental de técnicas PWM aleatórias de frequência de comutação variável para o acionamento de motores de indução. A partir dos resultados, observa-se que, com a portadora aleatória PWM, a magnitude dos harmónicos é reduzida nas frequências de comutação e em torno delas. Como a frequência de comutação é variada numa banda de ±500 Hz, a conceção do filtro também se torna mais fácil. Assim, o acionamento funciona com baixo ruído acústico e a interferência nos sistemas electrónicos próximos é reduzida. Além disso, a implementação de técnicas PWM na comparação de portadoras é simples e não envolve cálculos complexos como na abordagem vetorial espacial digital.

Capítulo - 5

Métodos PWM aleatórios desacoplados baseados em portadora para motores de indução de enrolamento aberto

Motor de indução de enrolamento aberto

5.1 Introdução:

Nos capítulos anteriores, foram propostas várias técnicas PWM baseadas em frequências de comutação variáveis e constantes para accionamentos controlados v/f e vectoriais. Além disso, a correlação entre as abordagens vectoriais de portadora e de espaço digital foi explicada em pormenor. Finalmente, conclui-se que ambas as abordagens darão o mesmo resultado, mas a abordagem de comparação da portadora é mais simples de implementar. No entanto, os métodos explicados nos capítulos anteriores estão limitados apenas a accionamentos alimentados por inversores de dois níveis. Estes são incompatíveis com aplicações de média e alta potência. Posteriormente, foram introduzidos inversores multinível, como as configurações com díodo, com condensador e com ponte H, para satisfazer as necessidades das aplicações de média e alta potência com uma qualidade de onda superior. No entanto, estas configurações têm algumas desvantagens, tais como variações do ponto neutro, desequilíbrio do condensador e a necessidade de mais fontes de corrente contínua. Para resolver esses problemas, uma nova configuração conhecida como open-end foi desenvolvida posteriormente. Com base nas ligações dos inversores ao elo CC, as configurações são designadas por configurações de inversor de elo CC não isolado e de elo CC isolado, conforme representado na Fig. 5.1. A configuração de inversor duplo com fonte CC única é também conhecida como configuração não isolada. Esta configuração reduz/elimina a tensão de sequência zero, mas apresenta um fluxo de corrente circulante. A qualidade da forma de onda da tensão também é menor.

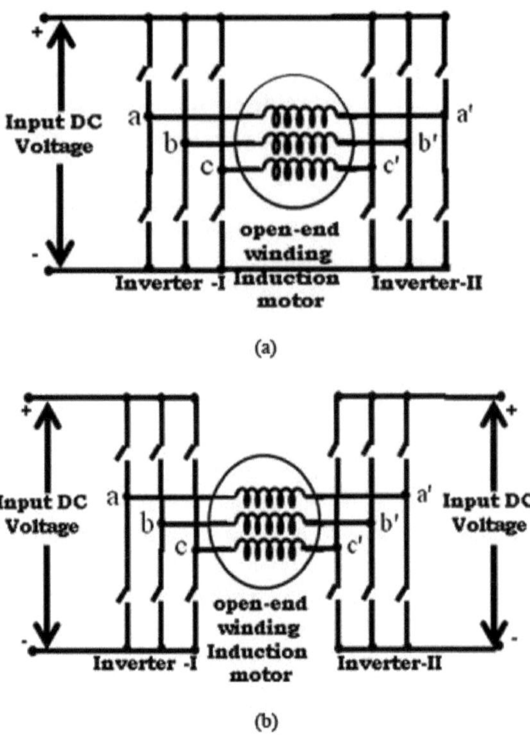

Fig. 5.1 Configurações de inversor duplo (a) Não isolado (b) Isolado do elo CC isolado

A configuração do elo CC isolado utiliza duas fontes CC em ambas as extremidades. Devido à utilização de fontes CC separadas, a circulação da corrente de sequência zero pode ser atenuada ou suprimida. No entanto, esta configuração apresenta uma tensão de sequência zero (ZSV) nos carris negativos do elo de corrente contínua. No entanto, a ZSV presente nesta configuração aumenta a qualidade da forma de onda da tensão quando comparada com a configuração não isolada. No entanto, este livro trata apenas da configuração não isolada.

Para controlar a configuração OEWIM isolada, os métodos PWM podem ser gerados de forma desacoplada ou acoplada. Este capítulo aborda os algoritmos PWM baseados na forma desacoplada para o acionamento OEWIM. São aplicadas várias técnicas PWM aleatórias baseadas em frequências de comutação variáveis e constantes para a configuração desacoplada. Para validar o desempenho, foram efectuados diferentes estudos experimentais e de simulação e são apresentados os resultados.

5.2 . Configuração de inversor duplo isolado:

A configuração do duplo inversor isolado com duas fontes de tensão pode ser classificada como configurações de duplo inversor simétricas e não simétricas. Na configuração simétrica, o rácio das tensões CC é tomado como 1:1, o que leva à geração de uma tensão de saída de três níveis. Enquanto que, na configuração assimétrica, o rácio de tensão é tomado como 1:2, o que leva à geração de uma tensão de saída de quatro níveis. Mas este livro trata apenas da configuração simétrica com vários métodos PWM. A configuração do inversor simétrico para um acionamento OEWIM é a mostrada na Fig. 5.2.

Como se mostra na Fig. 5.2, a tensão efectiva total será distribuída igualmente para ambos os inversores como $V_{dc}/2$. Aqui, V_{ao}, V_{bo}, V_{co} e $V_{a'o'}$, $V_{b'o'}$, $V_{c'o'}$ são as tensões de pólo do inversor-I e do inversor-II, respetivamente. Do mesmo modo, as tensões efectivas de fase e de linha podem ser representadas por $V_{aa'}$, $V_{bb'}$, $V_{cc'}$ e V_{ab}, V_{bc}, V_{ca}, respetivamente. A diferença de tensão entre O e O' é conhecida como tensão de sequência zero ($V_{OO'}$).

$$V_{xox'o'} = V_{xo} - V_{x'o'} \quad x = a,b,c \qquad (5.1)$$

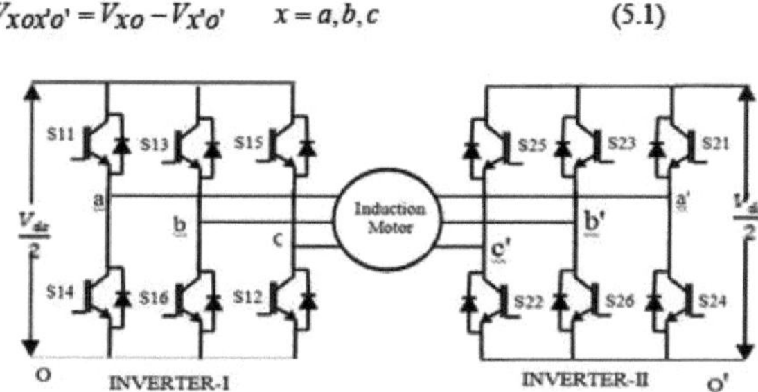

Fig. 5.2 Configuração de Inversor Duplo Simétrico

Quando os interruptores superiores (S11, S13 ou S15) são ligados, o inversor-I produz uma tensão de pólo de Vdc/2 e uma tensão de pólo zero quando os interruptores inferiores (S12, S14 ou S16) são ligados para uma tensão CC de entrada de Vdc/2. Quando os interruptores superior e inferior são ligados, o inversor-II produz tensões de pólo Vdc/2 e zero, respetivamente. A tensão de pólo efectiva de uma configuração de inversor duplo simétrico foi agora determinada (5.1). Para as diferentes combinações de comutação, a tensão de pólo e as tensões de pólo efectivas são apresentadas na Tabela 5.1.

Tabela 5.1 Tensões individuais e efectivas dos pólos para uma configuração simétrica

Interruptores a ligar no Inversor-I	Pólo Tensão do Inversor-I	Interruptores a ligar no Inversor-II	Pólo Tensão do Inversor-II	Eficaz Tensão do pólo
S14 ou S16 ou S12	0	S25 ou S23 ou S21	Vdc/2	-Vdc/2
S14 ou S16 ou S12	0	S22 ou S24 ou S26	0	0
S11 ou S13 ou S15	Vdc/2	S25 ou S23 ou S21	Vdc/2	0
S11 ou S13 ou S15	Vdc/2	S22 ou S24 ou S26	0	Vdc/2

A partir da Tabela 5.1, pode observar-se que a configuração simétrica irá gerar três níveis na tensão de saída.

5.3 Algoritmos de PWM aleatórios desacoplados para o acionamento OEWIM isolado proposto:

Na abordagem desacoplada, com base na análise das localizações do vetor espacial de ambos os inversores, pode concluir-se que ambos os inversores funcionarão com um deslocamento de fase de 180° graus eléctricos. Isto significa que o padrão de impulsos de ambos os inversores deve estar em direcções opostas. No entanto, os impulsos serão gerados com frequências mais elevadas em termos de kHz, pelo que é difícil criar impulsos opostos.

Assim, para criar impulsos opostos de uma forma mais fácil, a diferença de ângulo de fase será criada entre os sinais de modulação. Isto significa que os sinais de modulação para ambos os inversores serão criados com uma diferença de ângulo de fase de 180°. Assim, para criar os sinais de modulação para ambos os inversores, devem ser considerados dois conjuntos de sinais sinusoidais, como indicado em (5.2) e (5.3).

$$\begin{aligned} Va &= Vm \times \cos(\omega t) \\ Vb &= Vm \times \cos(\omega t - 120^{o}) \\ Vc &= Vm \times \cos(\omega t - 240^{o}) \end{aligned} \tag{5.2}$$

$$\begin{aligned} Vaa &= Vm \times \cos(\omega t - 180^{o}) \\ Vbb &= Vm \times \cos(\omega t - 120^{o} - 180^{o}) \\ Vcc &= Vm \times \cos(\omega t - 240^{o} - 180^{o}) \end{aligned} \tag{5.3}$$

Em seguida, adicionando o sinal de sequência zero, como explicado no Capítulo 3, aos sinais sinusoidais de entrada, o novo conjunto de sinais de modulação pode ser gerado como indicado em (5.4) e (5.5).

$$V^{*}_{i\ \mathrm{ref}} = V_{i\ \mathrm{ref}} + V_{zs} \quad where\ i = a,b,c \tag{5.4}$$

$$V^{*}_{ii\ \mathrm{ref}} = V_{ii\ \mathrm{ref}} + V_{zs} \quad where\ i = a,b,c \tag{5.5}$$

Onde V_{zs} é conhecida como tensão de sequência zero e é dada por 5.6).

$$V_{zs} = \frac{V_{dc}}{2}(2k_o - 1) - k_o V_{\max} + (k_o - 1)V_{\min} \tag{5.6}$$

Em seguida, os conjuntos de sinais de modulação serão comparados com um sinal de portadora comum com uma magnitude de Vt para a geração do padrão de impulsos. A lógica subjacente à geração de impulsos é apresentada na Tabela 5.2.

Tabela 5.2 Lógica de comutação para a técnica DCPWM

Condition	Switching state	
If $V^{*}_{a} > V_t$	S11=ON	S14=OFF
If $V^{*}_{aa} > V_t$	S21=ON	S24=OFF
If $V^{*}_{b} > V_t$	S13=ON	S16=OFF
If $V^{*}_{bb} > V_t$	S23=ON	S26=OFF
If $V^{*}_{c} > V_t$	S15=ON	S12=OFF
If $V^{*}_{cc} > V_t$	S25=ON	S22=OFF

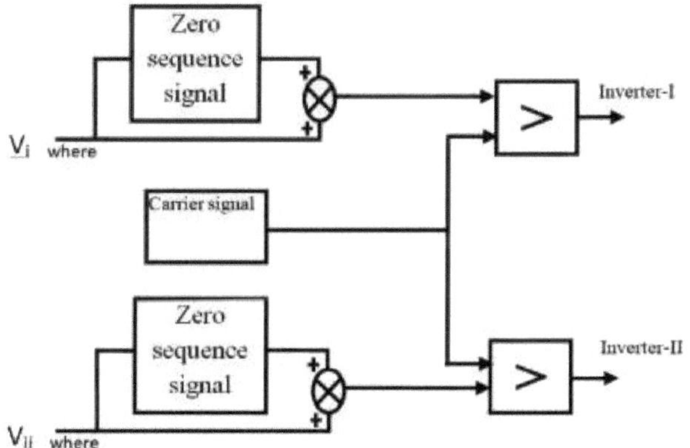

Fig. 5.3 Diagrama de blocos da técnica PWM aleatória desacoplada

O diagrama de blocos que mostra a realização da técnica PWM desacoplada é apresentado na Fig. 5.3. São considerados dois conjuntos de sinais de modulação com um desvio de fase de 180, como em 5.4 e 5.5. Estes dois sinais de modulação são comparados com um sinal portador comum. Para as técnicas PWM aleatórias desacopladas, tanto os sinais de modulação como o sinal portador devem ser aleatórios. Para a técnica PWM aleatória de frequência de comutação constante desacoplada (CSF RR PWM), ambos os sinais de modulação devem ser aleatórios. Para a técnica PWM de portadora aleatória de frequência de comutação constante desacoplada, entre os sinais de portadora positivos e negativos é selecionado aleatoriamente o sinal de portadora. Para a técnica PWM aleatória de frequência de comutação variável desacoplada (VSF RR PWM), a frequência da portadora é variada aleatoriamente com uma banda de ±500. Para a técnica PWM aleatória de frequência de comutação variável de portadora desacoplada (RC VSF PWM), entre sinais de portadora positivos e negativos, é selecionado aleatoriamente qualquer sinal de portadora com uma banda de frequência aleatória de ±500.

5.4 Resultados e discussão:

Num modelo protótipo com controlo v/f, é também avaliada a saída das técnicas PWM aleatórias de frequência de comutação constante e de frequência de comutação variável. Os resultados do modelo de protótipo são apresentados nas Figuras 5.4 a 5.8. A tensão de fase efectiva em vazio e a corrente de fase são representadas nos dados em função do tempo. Cada inversor recebe uma tensão de entrada DC de 100V a partir de uma tensão efectiva de 200V.

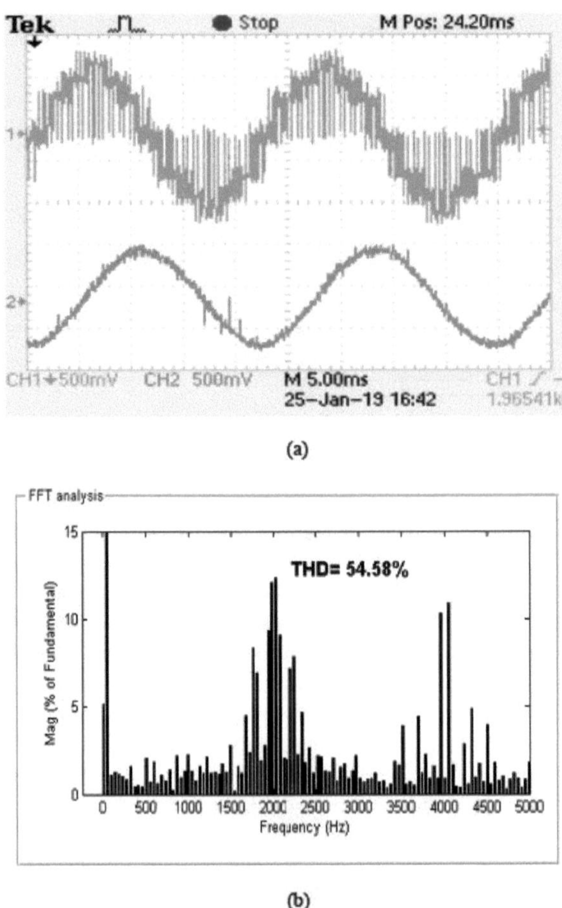

(a)

(b)

Fig. 5.4 Resultados de hardware em estado estacionário do CSFCPWM (a) Fase efectiva
Tensão e corrente de linha (b) THD da tensão de fase efectiva

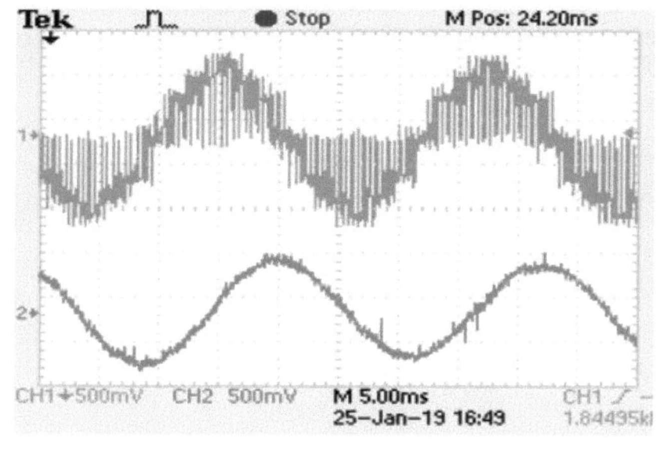

(a)

(b)

Fig. 5.5 Resultados de hardware em estado estacionário do CSF RRPWM (a) Fase efectiva Tensão e corrente de linha (b) THD da tensão de fase efectiva

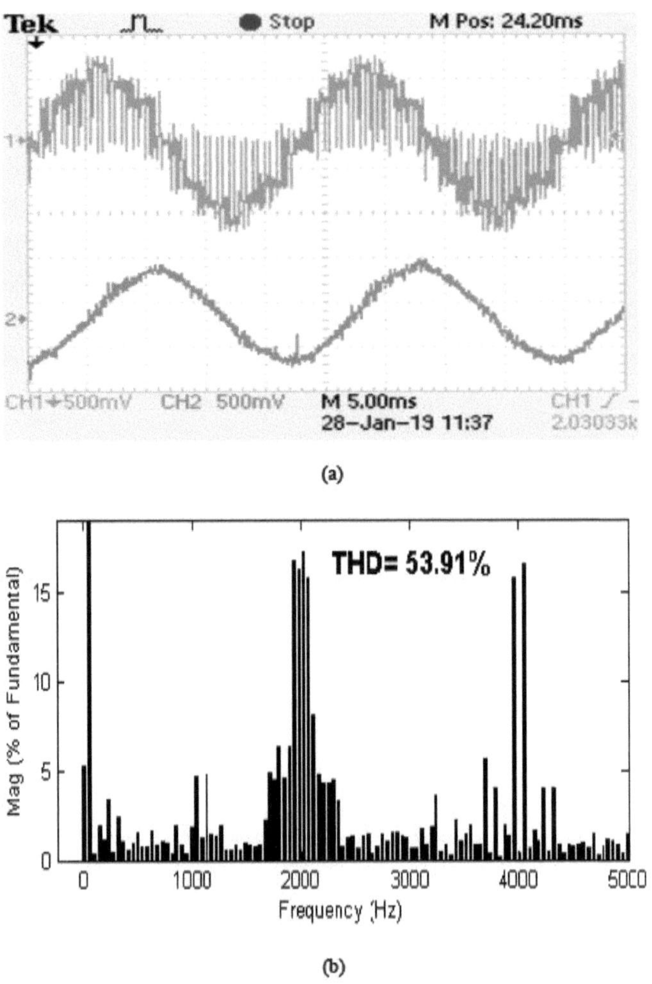

Fig. 5.6 Resultados de hardware em estado estacionário do CSF RCPWM (a) Tensão de fase efectiva e corrente de linha (b) THD da tensão de fase efectiva

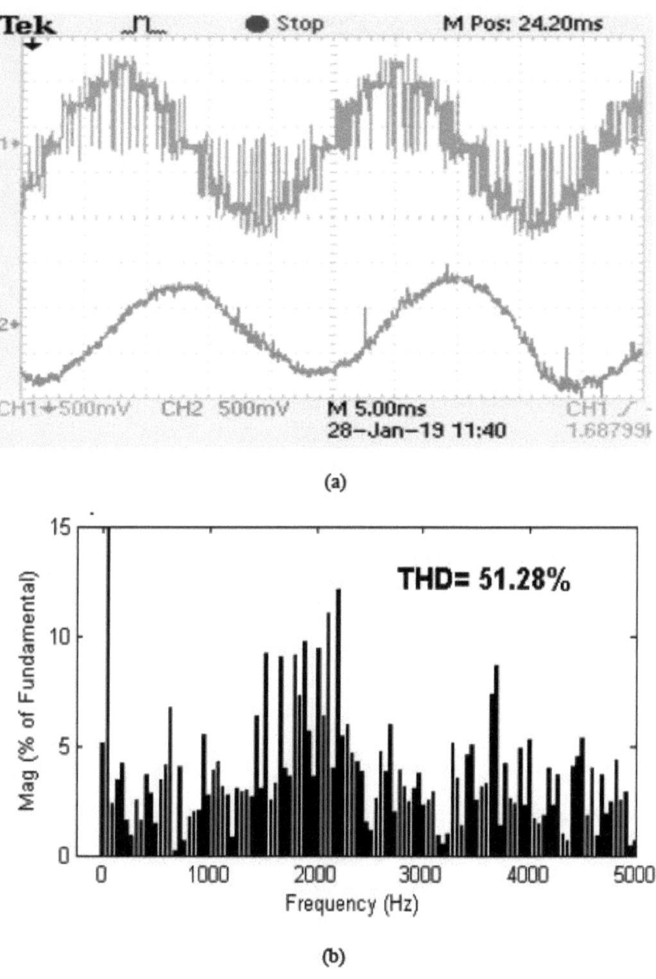

Fig. 5.7 Resultados de hardware em estado estacionário do VSFRPWM (a) Tensão de fase efectiva e corrente de linha (b) THD da tensão de fase efectiva

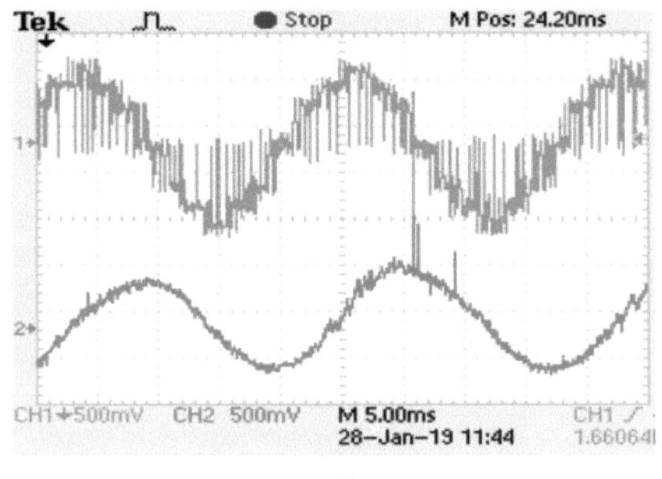

(a)

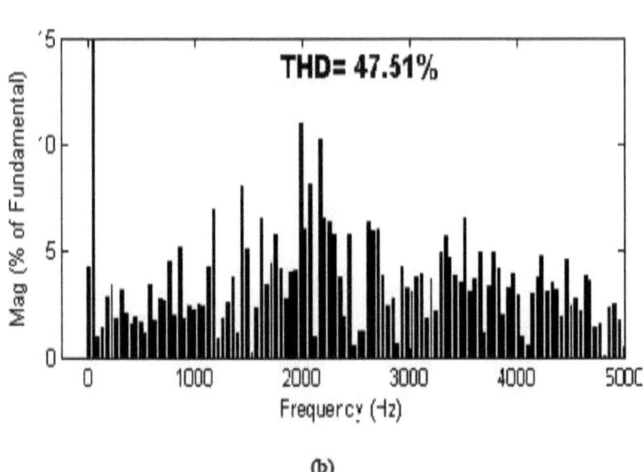

(b)

Fig. 5.8 Resultados de hardware em estado estacionário do RCVSFPWM (a) Tensão de fase efectiva e corrente de linha (b) THD da tensão de fase efectiva

É utilizada uma frequência de comutação de 1 kHz para produzir os sinais de controlo. A frequência de impulsos resultante seria de 2 kHz, uma vez que ambos os inversores são comutados a 1 kHz. Como resultado, uma quantidade significativa de energia é concentrada em 2 kHz e seus múltiplos. Com técnicas PWM aleatórias de frequência de comutação variável, a magnitude harmónica foi significativamente reduzida.

5.5 FOC do OEWIM com as estratégias propostas de PWM aleatório

O binário e o fluxo do conversor são controlados independentemente para melhorar a eficiência transitória, o que é possível utilizando técnicas comuns de circuito fechado, como o controlo vetorial e o controlo direto do binário. A técnica de controlo vetorial é o tema principal deste documento. A Fig. 5.9 mostra o diagrama de blocos de um motor de indução de enrolamento aberto alimentado por um inversor duplo de controlo vetorial. Os sinais de feedback do motor são utilizados para produzir o binário de referência e o fluxo componentes de regulação (Ids* e Iqs*) no diagrama de blocos. Os sinais de erro são produzidos comparando os sinais de referência com os actuais (Ids e Iqs). Os controladores PI são utilizados para processar os sinais de erro e produzir sinais de controlo de referência para o inversor duplo.

Os resultados da simulação do acionamento OEWIM controlado por vetor são apresentados nas Fig. 5.10 a Fig. 5.14 em diferentes condições de funcionamento, tais como arranque, estado estacionário, mudança de carga e inversão de velocidade. Em todos os resultados, a tensão de pólo, a tensão de fase efectiva, as correntes trifásicas, a velocidade e a ondulação do binário são representadas em função do tempo. As THDs da tensão de fase efectiva são também apresentadas para comparação entre diferentes estratégias PWM aleatórias na Fig. 5.15. Nas técnicas PWM de frequência de comutação constante, a frequência é mantida constante a 5 kHz e, nas técnicas PWM de frequência de comutação variável, a frequência varia numa banda de ±500 a 5 kHz. A partir das condições de funcionamento transitório, pode concluir-se que o controlo vetorial dá uma boa resposta transitória. Além disso, a partir dos gráficos em estado estacionário, pode concluir-se que as técnicas PWM desacopladas propostas resultam numa ondulação reduzida do binário em estado estacionário.

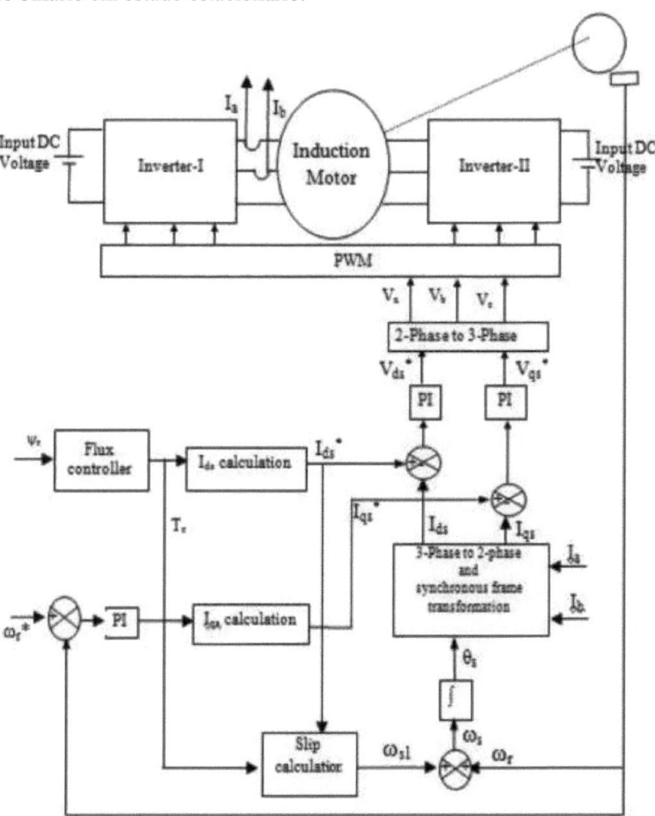

Fig. 5.9 Diagrama de blocos do motor de indução de enrolamento aberto ligado a um

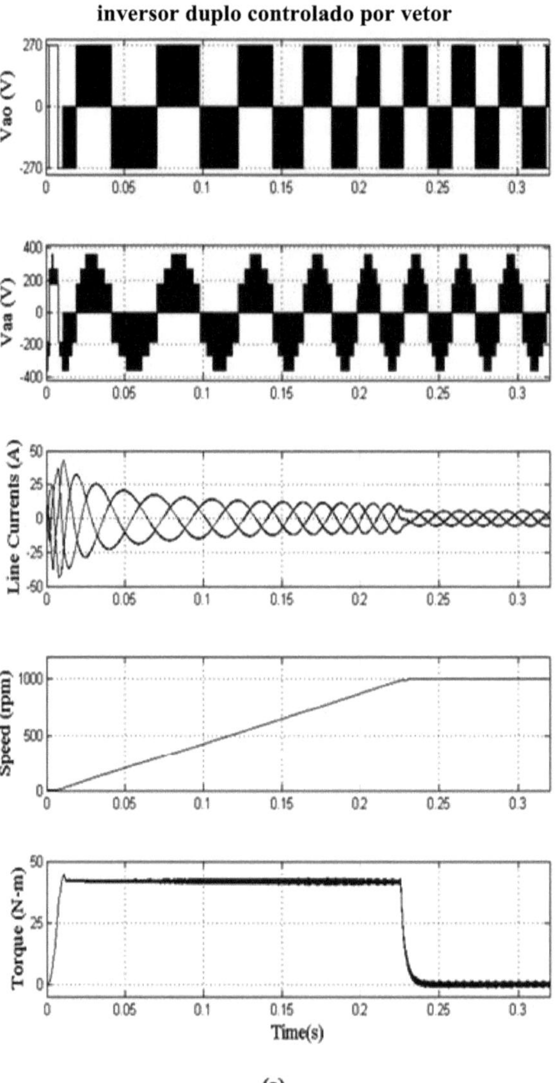
inversor duplo controlado por vetor
Vao (V)
Vaa (V)
Line Currents (A)
Speed (rpm)
Torque (N-m)
Time(s)

(a)

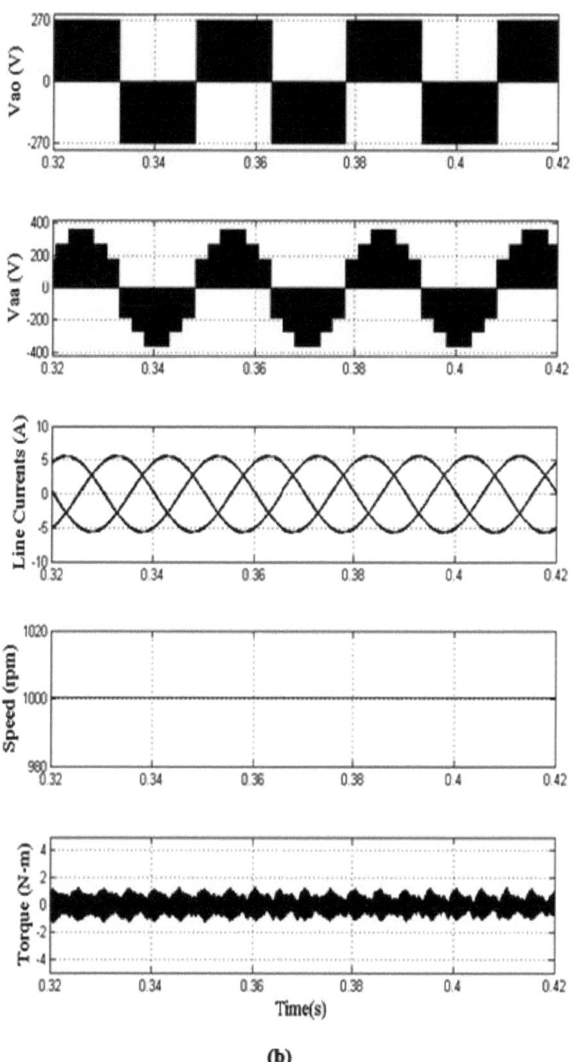

(b)

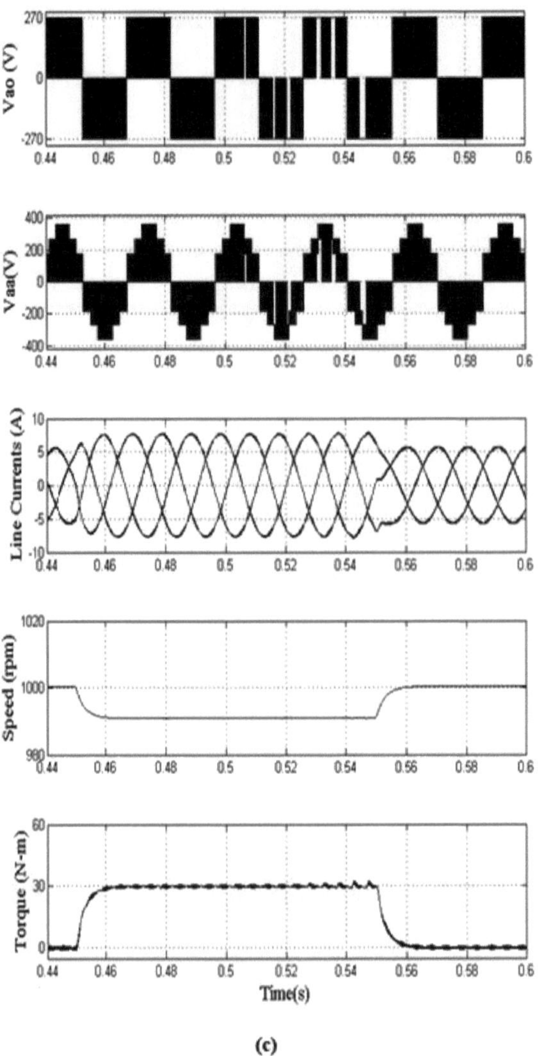

Vao (V)
270
0
-270
Vaa(V)
400
200
0
-200
-400
Line Currents (A)
10
5
0
-5
-10
Speed (rpm)
1020
1000
980
Torque (N-m)
60
30
0
0.44
0.46
0.48
0.5
0.52
0.54
0.56
0.58
0.6
Time(s)

(c)

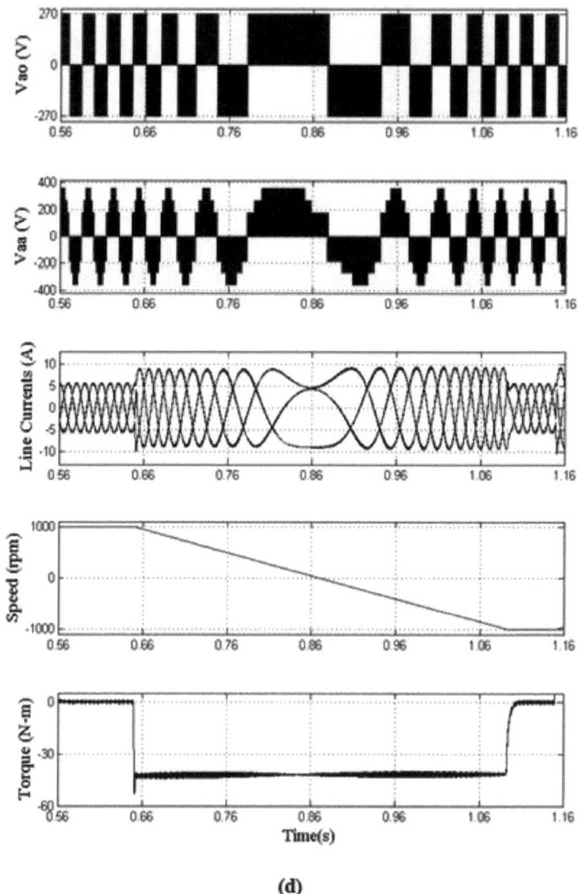

(d)

Fig. 5.10 Análise transitória e de estado estacionário do OEWIM alimentado de 3 níveis controlado por vetor com SVPWM desacoplado (a) Durante a condição de arranque (b) Durante a condição de estado estacionário (c) Durante a condição de carga (d) Durante a condição de inversão de velocidade

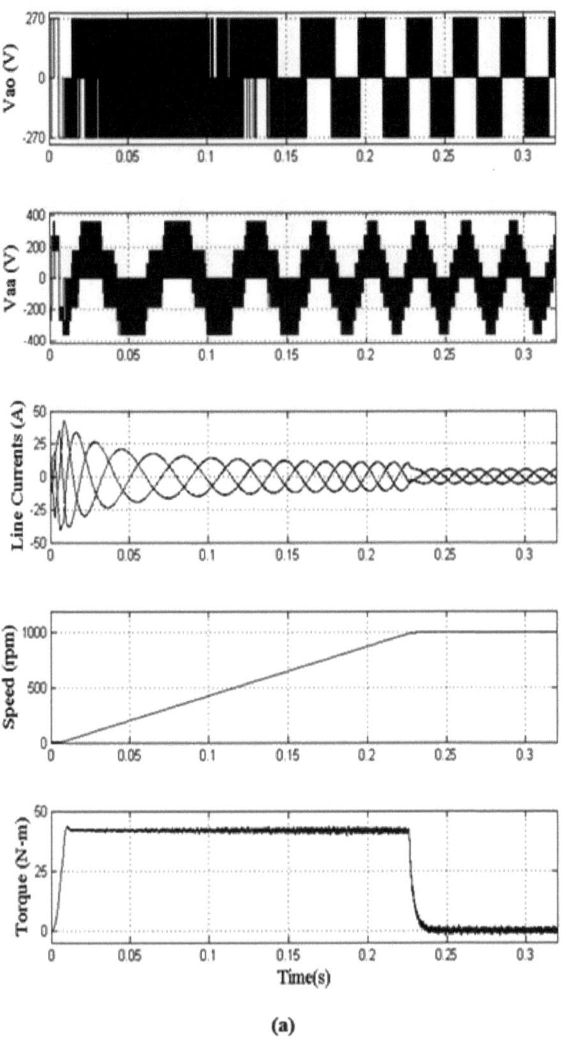

Vao (V)
270
0
-270
Vaa (V)
400
200
0
-200
-400
Line Currents (A)
50
25
0
-25
-50
Speed (rpm)
1000
500
0
Torque (N-m)
50
25
0
0
0.05
0.1
0.15
0.2
0.25
0.3
Time(s)

(a)

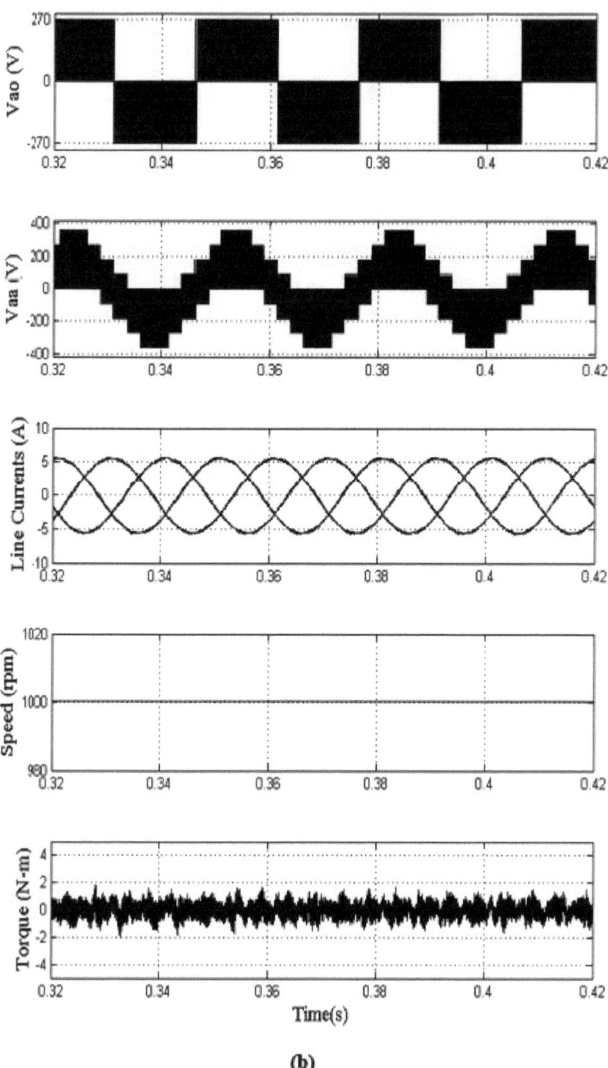

(b)

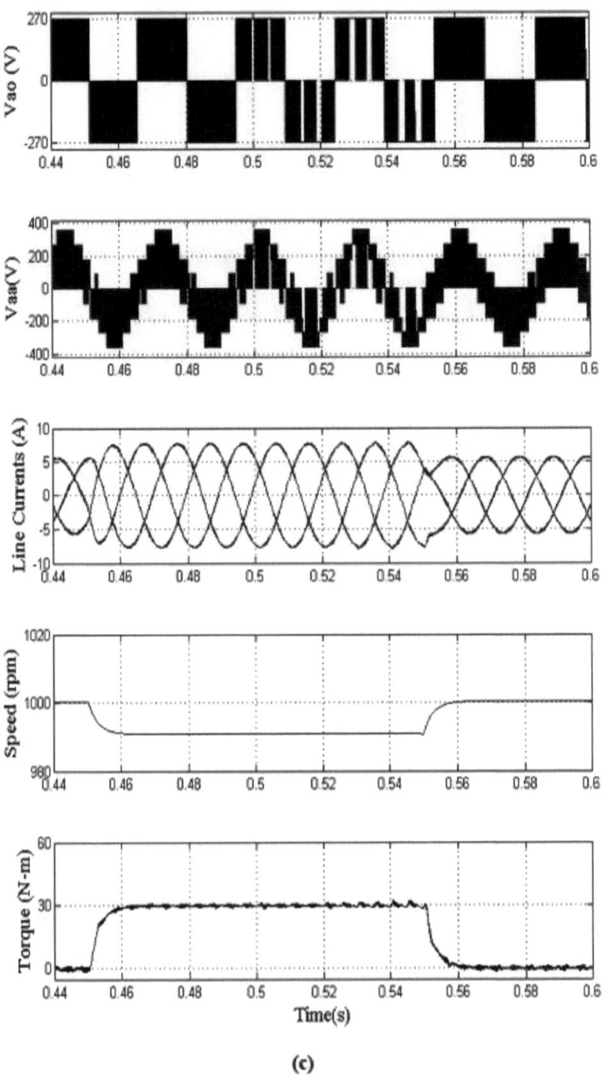

Vao (V)
270
0
-270
Vaa(V)
400
200
0
-200
-400
Line Currents (A)
10
5
0
-5
-10
Speed (rpm)
1020
1000
980
Torque (N-m)
60
30
0
0.44
0.46
0.48
0.5
0.52
0.54
0.56
0.58
0.6
Time(s)

(c)

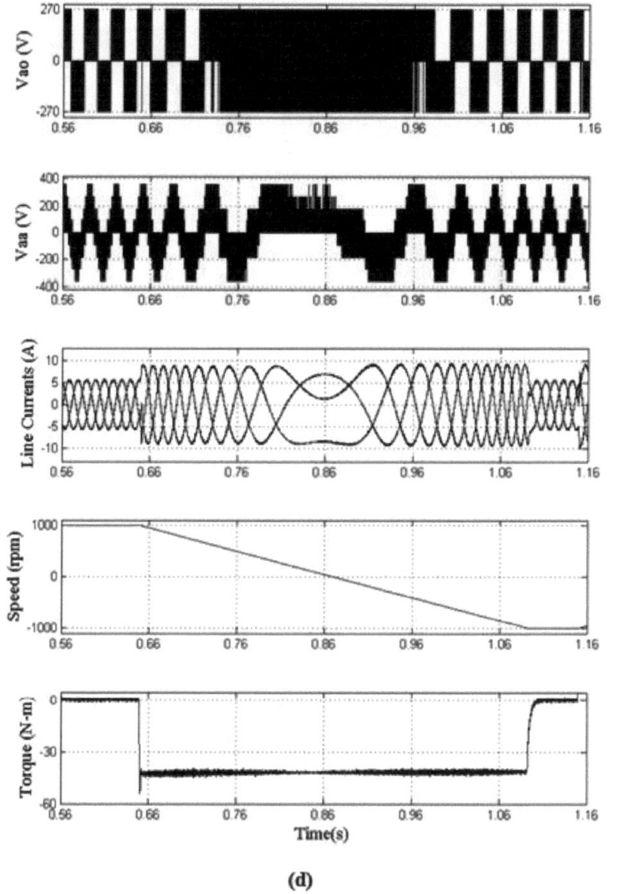

(d)

Fig. 5.11 Análise transitória e de estado estacionário do OEWIM alimentado de 3 níveis controlado por vetor com RRPWM desacoplado (a) Durante a condição de arranque (b) Durante a condição de estado estacionário (c) Durante a condição de carga (d) Durante a condição de inversão de velocidade

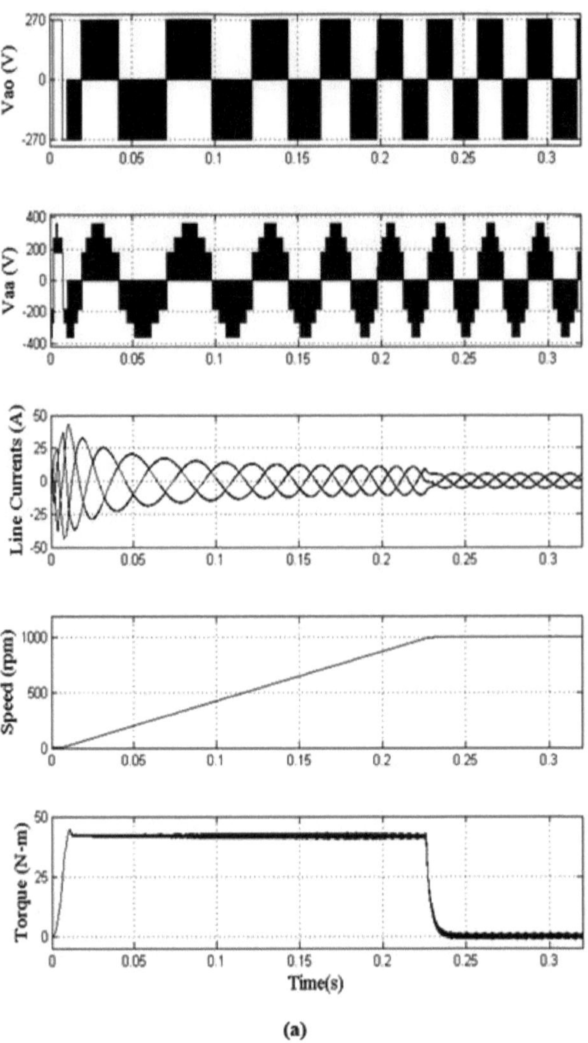
Vao (V)
270
0
-270
Vaa (V)
400
200
0
-200
-400
Line Currents (A)
50
25
0
-25
-50
Speed (rpm)
1000
500
0
Torque (N-m)
50
25
0
0
0.05
0.1
0.15
0.2
0.25
0.3
Time(s)

(a)

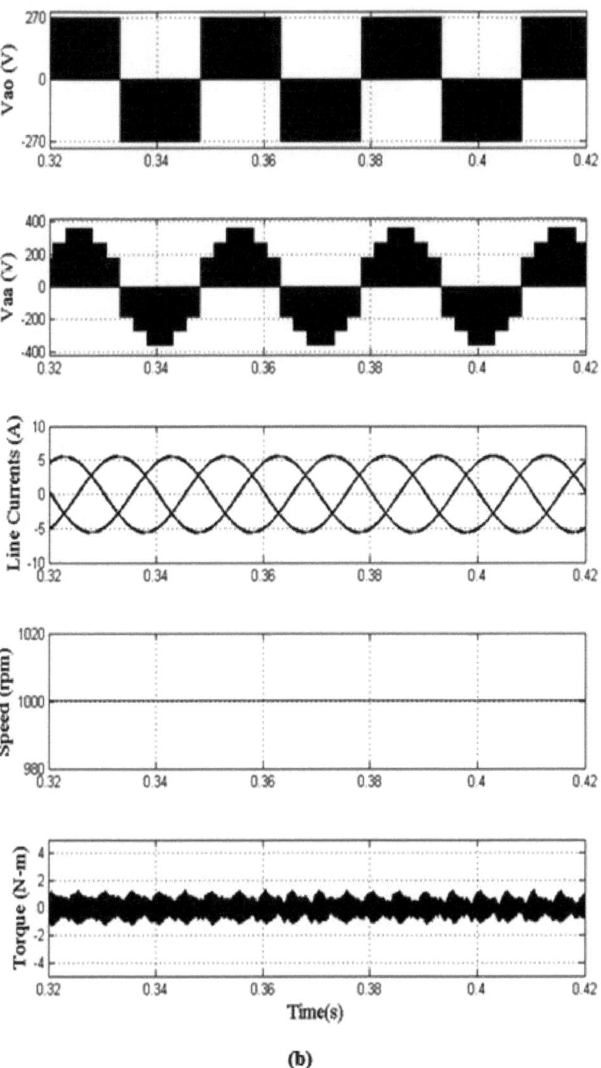

Vao (V)
270
0
-270
Vaa (V)
400
200
0
-200
-400
Line Currents (A)
10
5
0
-5
-10
Speed (rpm)
1020
1000
980
Torque (N-m)
4
2
0
-2
-4
0.32
0.34
0.36
0.38
0.4
0.42
Time(s)

(b)

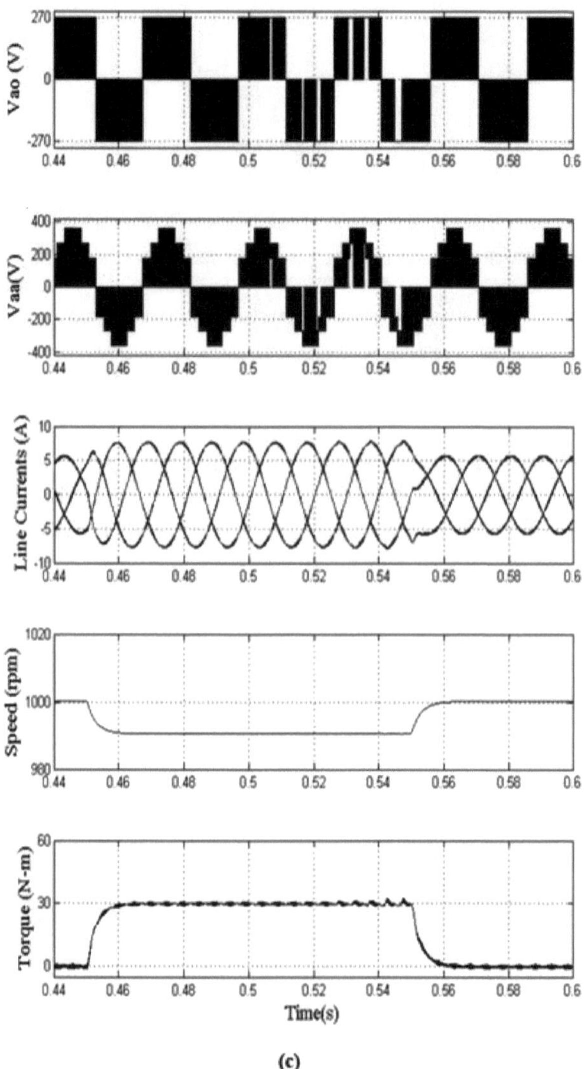

(c)

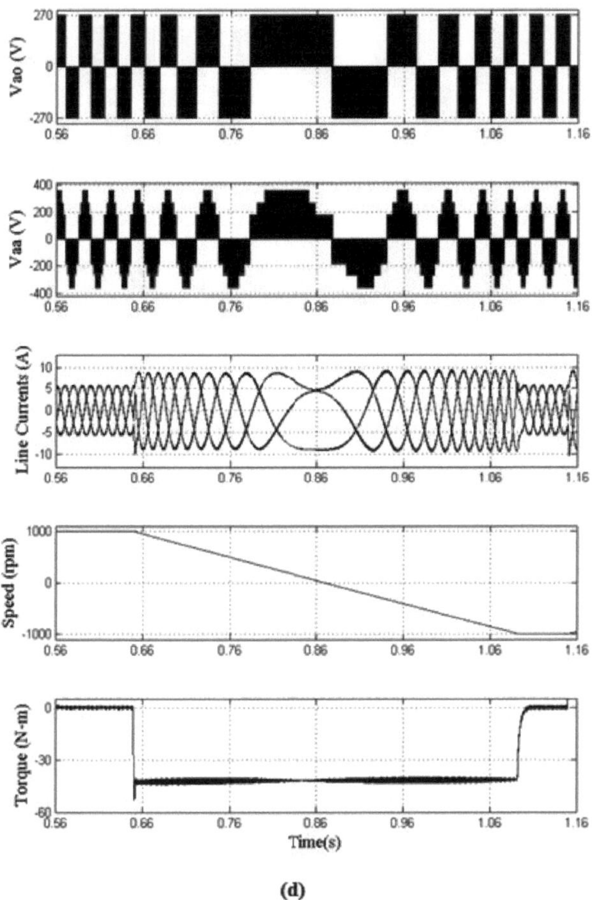

(d)

Fig. 5.12 Análise transitória e de estado estacionário de um OEWIM alimentado por 3 níveis controlado por vetor com RCPWM desacoplado (a) Durante a condição de arranque (b) Durante a condição de estado estacionário (c) Durante a condição de carga (d) Durante a condição de inversão de velocidade

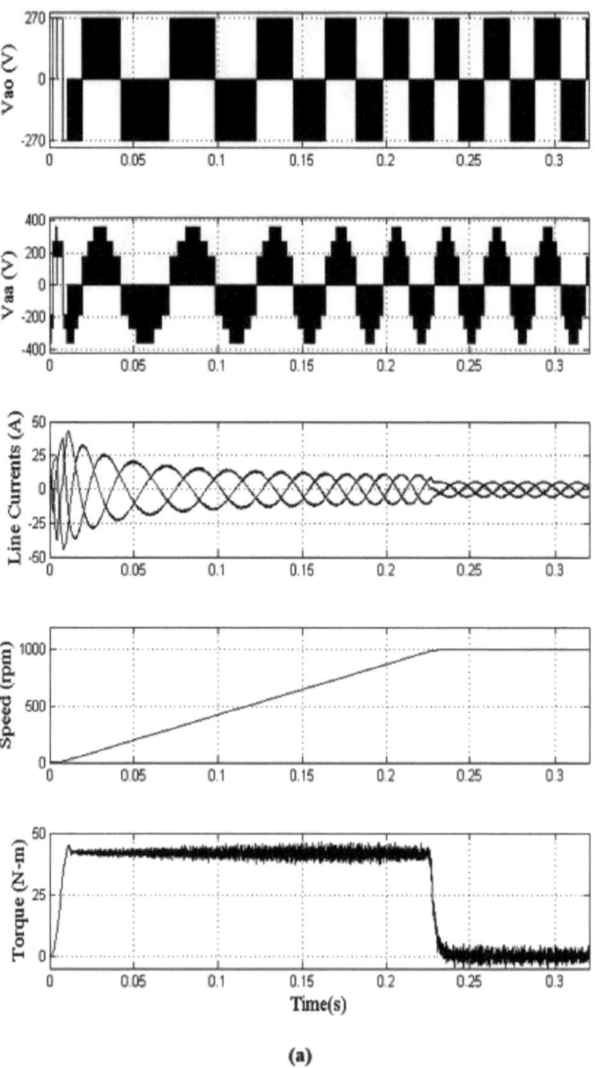

Vao (V)
270
0
-270
Vaa (V)
400
200
0
-200
-400
Line Currents (A)
50
25
0
-25
-50
Speed (rpm)
1000
500
0
Torque (N-m)
50
25
0
0
0.05
0.1
0.15
0.2
0.25
0.3
Time(s)

(a)

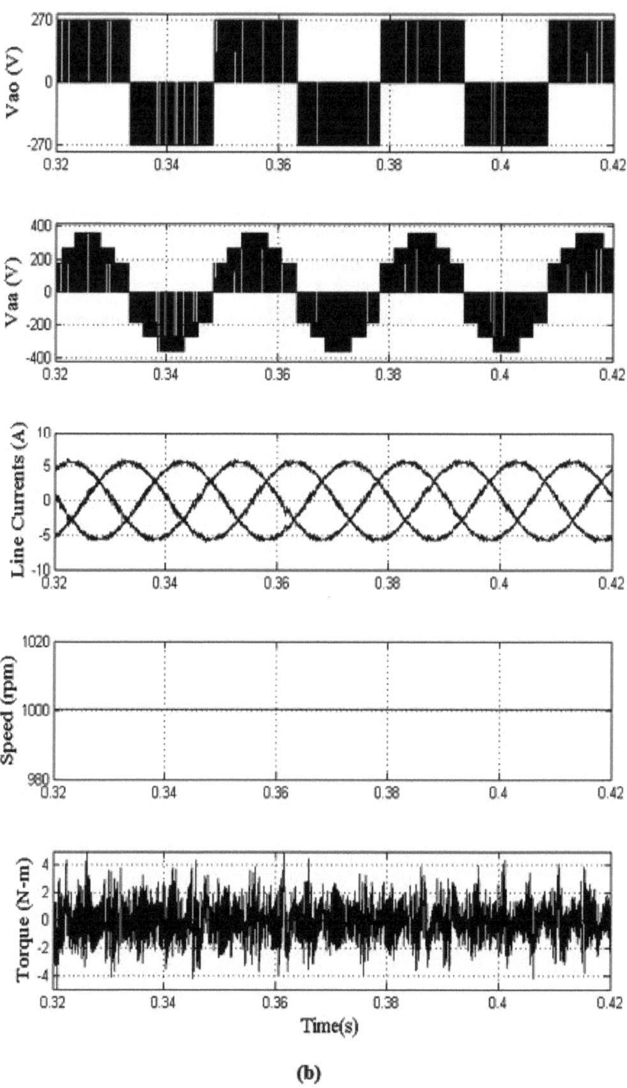

Vao (V)
270
0
-270
Vaa (V)
400
200
0
-200
-400
Line Currents (A)
10
5
0
-5
-10
Speed (rpm)
1020
1000
980
Torque (N-m)
4
2
0
-2
-4
0.32
0.34
0.36
0.38
0.4
0.42
Time(s)

(b)

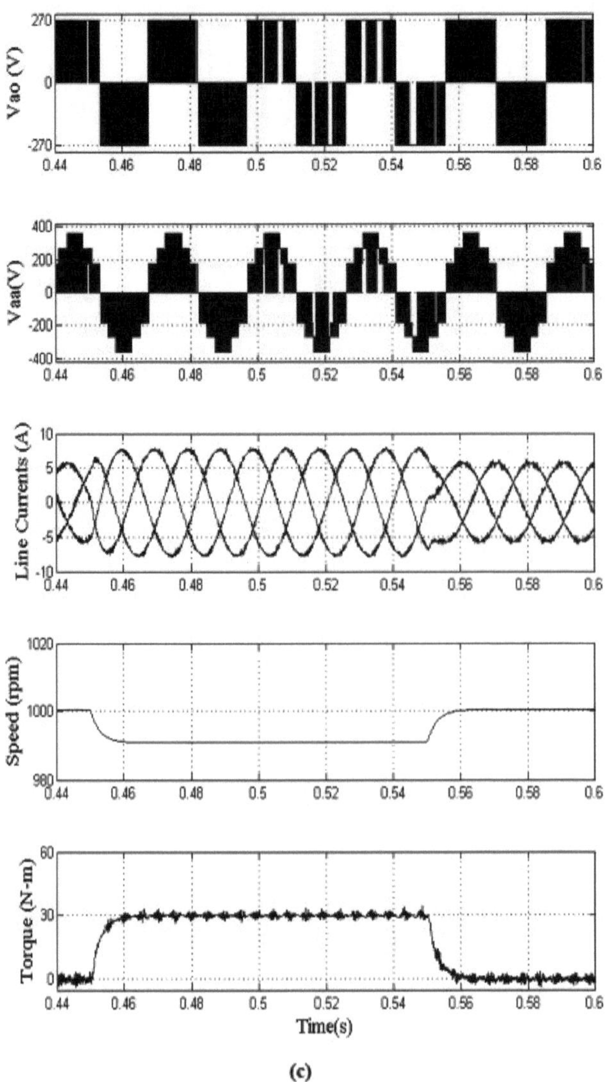

Vao (V)
270
0
-270
Vaa(V)
400
200
0
-200
-400
Line Currents (A)
10
5
0
-5
-10
Speed (rpm)
1020
1000
980
Torque (N-m)
60
30
0
0.44
0.46
0.48
0.5
0.52
0.54
0.56
0.58
0.6
Time(s)

(c)

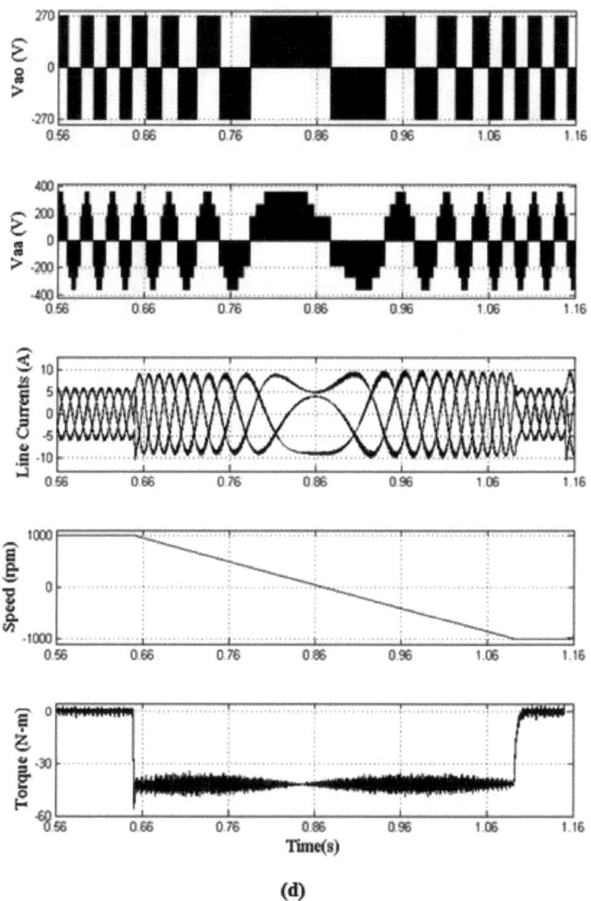

(d)

Fig. 5.13 Análise transitória e de estado estacionário do OEWIM alimentado de 3 níveis controlado por vetor com VSF RPWM desacoplado (a) Durante a condição de arranque (b) Durante a condição de estado estacionário (c) Durante a condição de carga (d) Durante a condição de inversão de velocidade

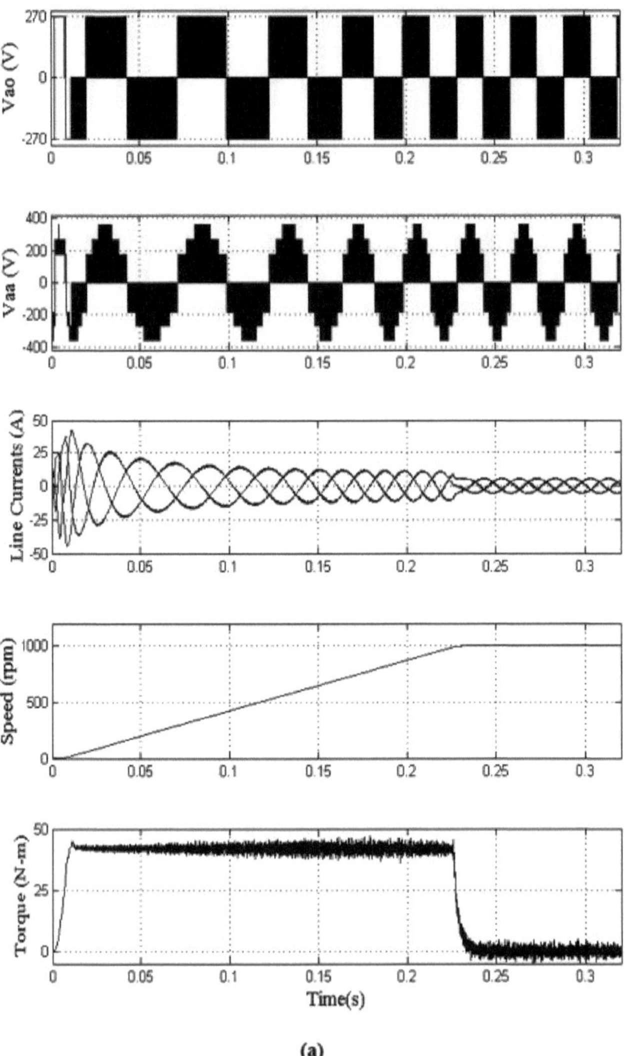

270
0
-270
Vao (V)
0
0.05
0.1
0.15
0.2
0.25
0.3
400
200
0
-200
-400
Vaa (V)
50
25
0
-25
-50
Line Currents (A)
1000
500
0
Speed (rpm)
50
25
0
Torque (N-m)
Time(s)

(a)

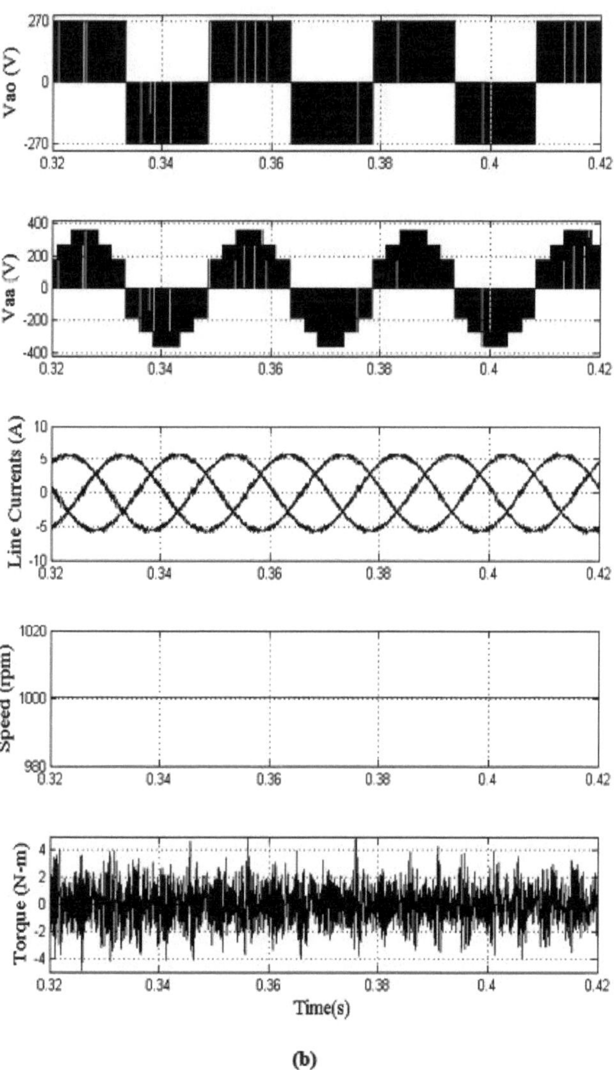
Vao (V)
270
0
-270
Vaa (V)
400
200
0
-200
-400
Line Currents (A)
10
5
0
-5
-10
Speed (rpm)
1020
1000
980
Torque (N-m)
4
2
0
-2
-4
0.32
0.34
0.36
0.38
0.4
0.42
Time(s)

(b)

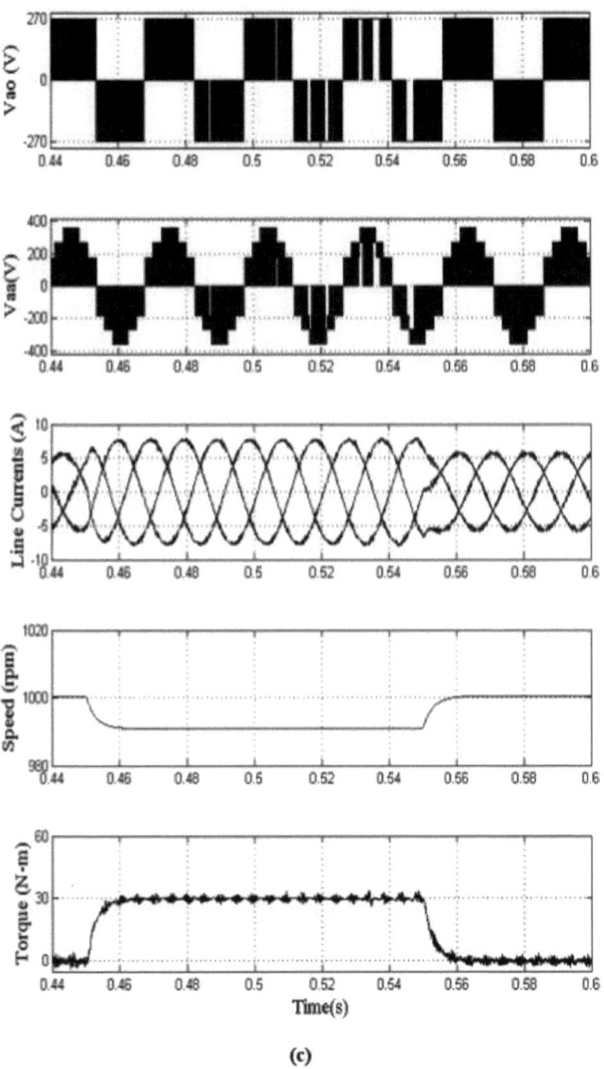
Vao (V)
270
0
-270
Vaa(V)
400
200
0
-200
-400
Line Currents (A)
10
5
0
-5
-10
Speed (rpm)
1020
1000
980
Torque (N-m)
60
30
0
0.44
0.46
0.48
0.5
0.52
0.54
0.56
0.58
0.6
Time(s)

(c)

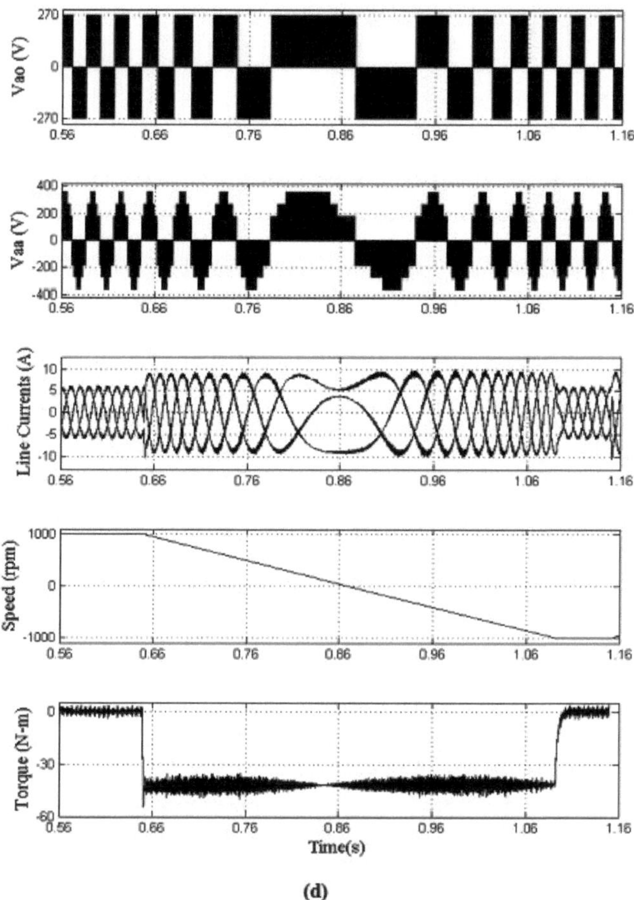

(d)

Fig. 5.14 Análise transitória e de estado estacionário do OEWIM alimentado por 3 níveis controlado por vetor com PWM VSFRC desacoplado (a) Durante a condição de arranque (b) Durante a condição de estado estacionário (c) Durante a condição de carga (d) Durante a condição de inversão de velocidade

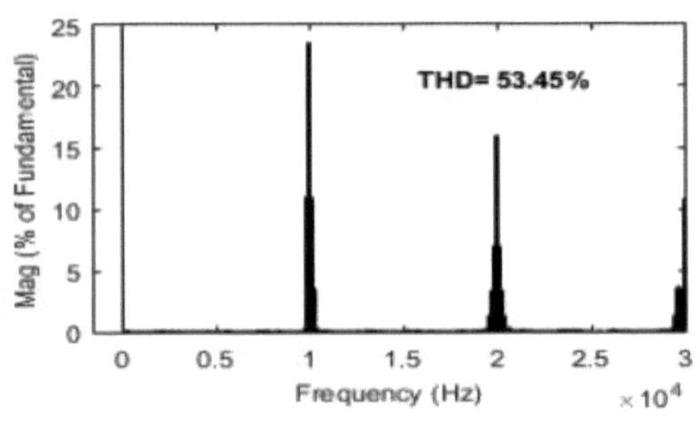
THD= 53.45%
Mag (% of Fundamental)
Frequency (Hz)
×10^4

(a)

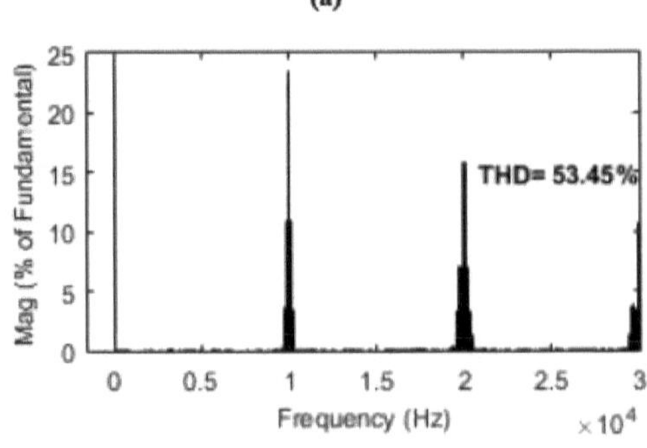
THD= 53.45%
Mag (% of Fundamental)
Frequency (Hz)
×10^4

(b)

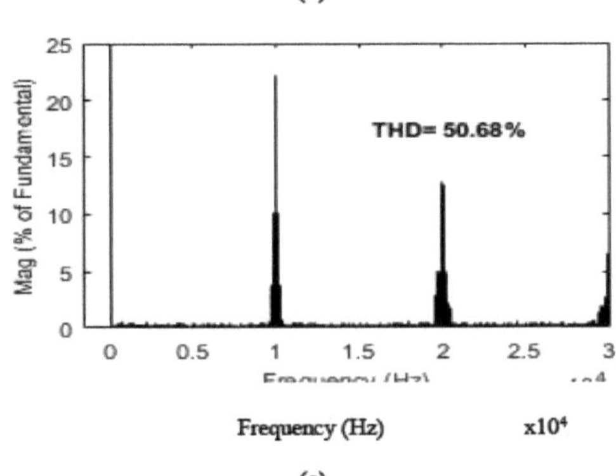
THD= 50.68%
Mag (% of Fundamental)
Frequency (Hz)
x10^4

(c)

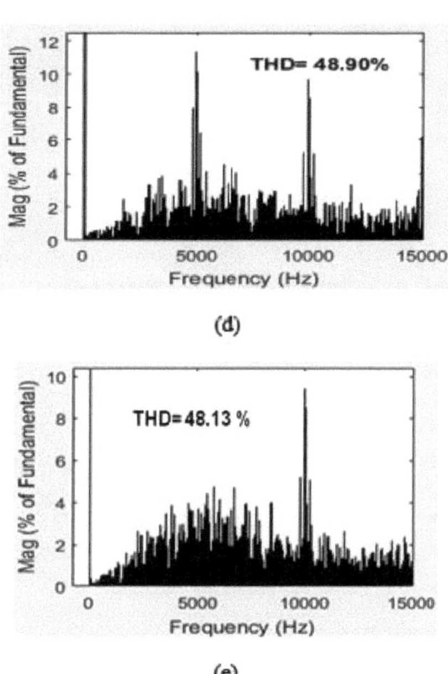

Fig. 5. 15 Análise harmónica da tensão de fase efectiva com (a) SVPWM (b) RRPWM (c) RCPWM (d) VSF-RPWM (e) RCVSF-RPWM

Durante o estado estacionário, a velocidade do motor mantém-se constante a 1000 rpm e a ondulação do binário está limitada a +5 N-m a -5 N-m. Por conseguinte, os controladores são robustos. Os níveis de tensão criados na tensão de fase efectiva têm uma magnitude de $\pm 2V_{dc}/3$, $\pm V_{dc}/2$, $\pm V_{dc}/3$, 0. A magnitude dos passos de tensão é a mesma em todas as técnicas PWM, sendo apenas observada uma alteração na posição do impulso. Por conseguinte, as variações de THD são mínimas. A frequência de impulsos seria de 10 kHz, uma vez que ambos os inversores são comutados a uma frequência de 5 kHz. Como resultado, uma grande quantidade de energia é concentrada em e acima de 10 kHz e seus múltiplos. Com técnicas PWM aleatórias de frequência de comutação variável, as magnitudes harmónicas foram significativamente reduzidas.

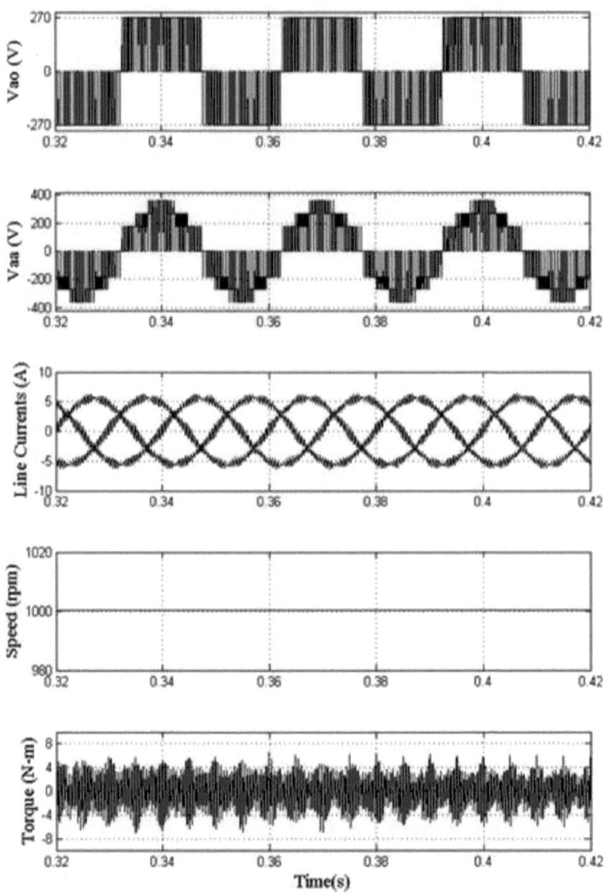

Fig. 5.16 Análise do estado estacionário da OEWIM alimentada de 3 níveis controlada por vetor com SVPWM desacoplado à frequência de comutação de 1 kHz

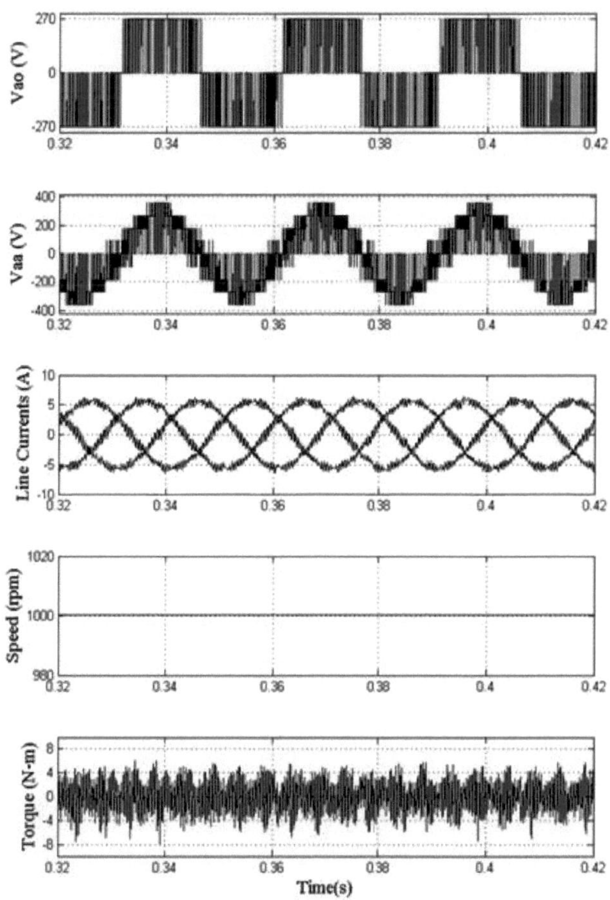

Fig. 5.17 Análise do estado estacionário da OEWIM alimentada de 3 níveis controlada por vetor com RRPWM desacoplado à frequência de comutação de 1 kHz

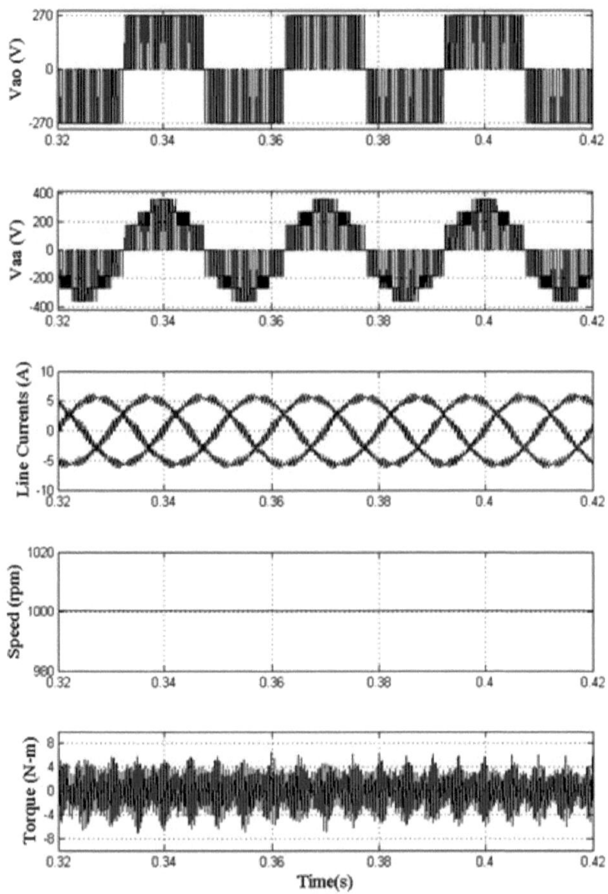

Fig. 5.18 Análise do estado estacionário da OEWIM alimentada de 3 níveis controlada por vetor com RCPWM desacoplado à frequência de comutação de 1 kHz

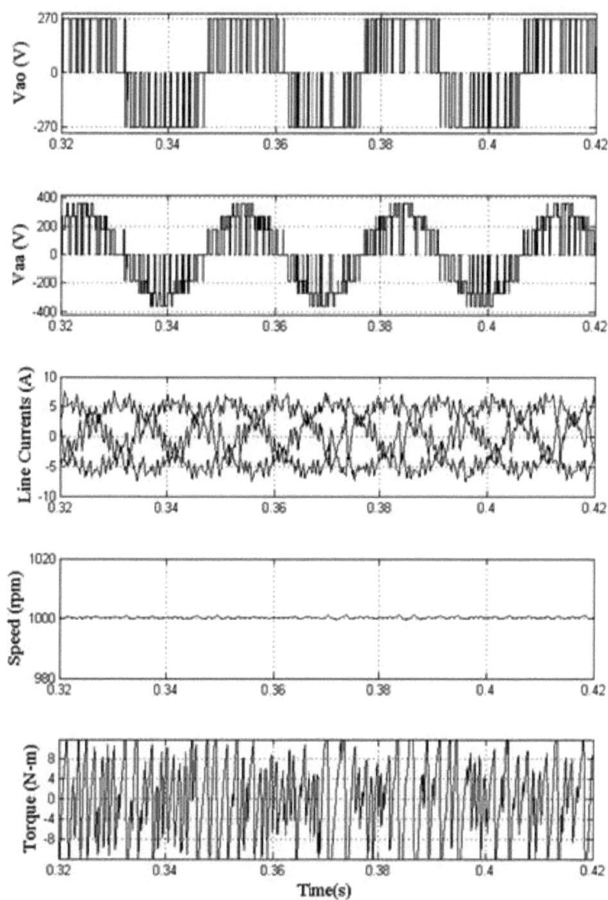

Fig. 5.19 Análise do estado estacionário da OEWIM alimentada de 3 níveis controlada por vetor com VSF-RPWM desacoplado à frequência de comutação de 1 kHz

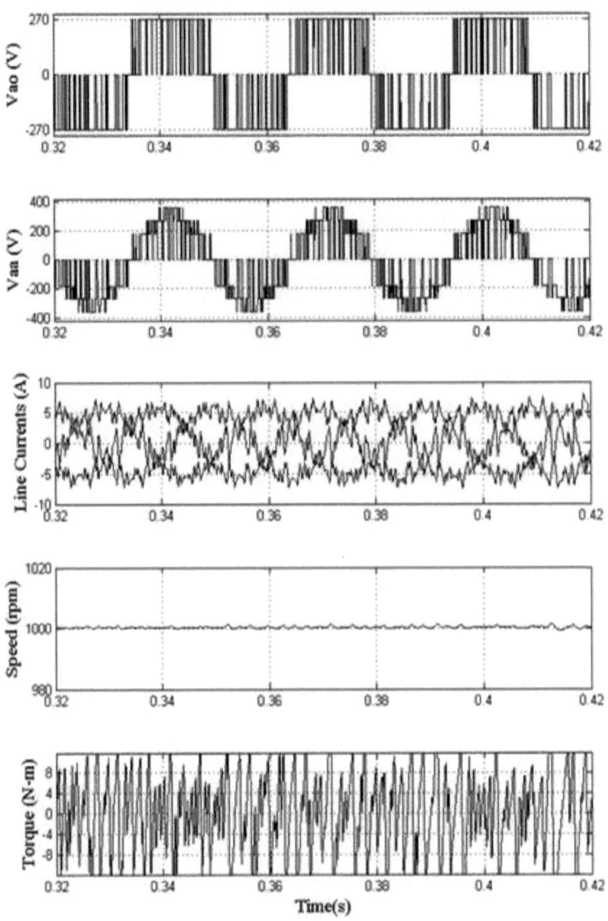

Fig. 5.20 Análise do estado estacionário da OEWIM alimentada de 3 níveis controlada por vetor com RCVSF-RPWM desacoplado à frequência de comutação de 1 kHz

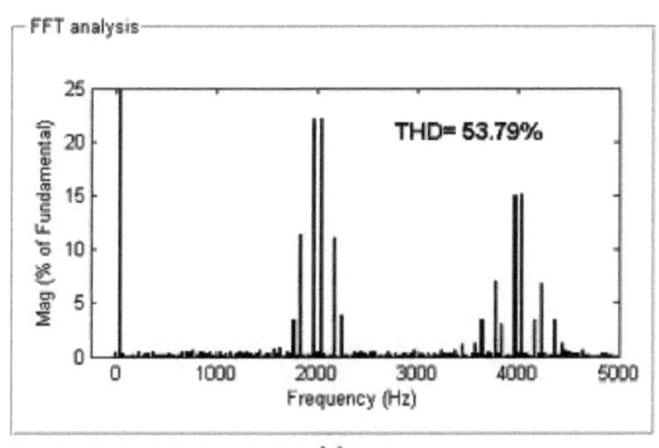
FFT analysis
THD= 53.79%
Mag (% of Fundamental)
Frequency (Hz)

(a)

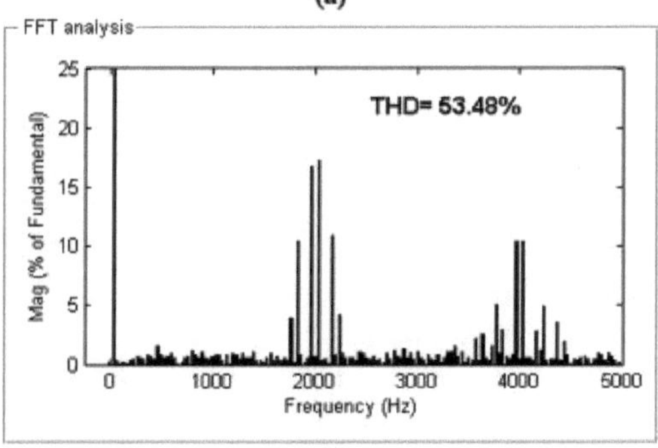
FFT analysis
THD= 53.48%
Mag (% of Fundamental)
Frequency (Hz)

(b)

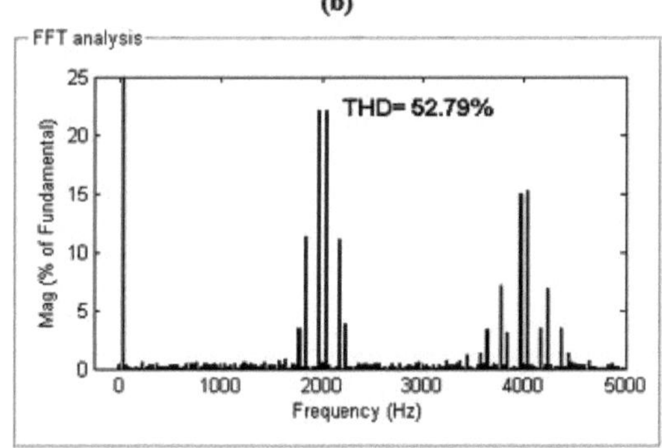
FFT analysis
THD= 52.79%
Mag (% of Fundamental)
Frequency (Hz)

(c)

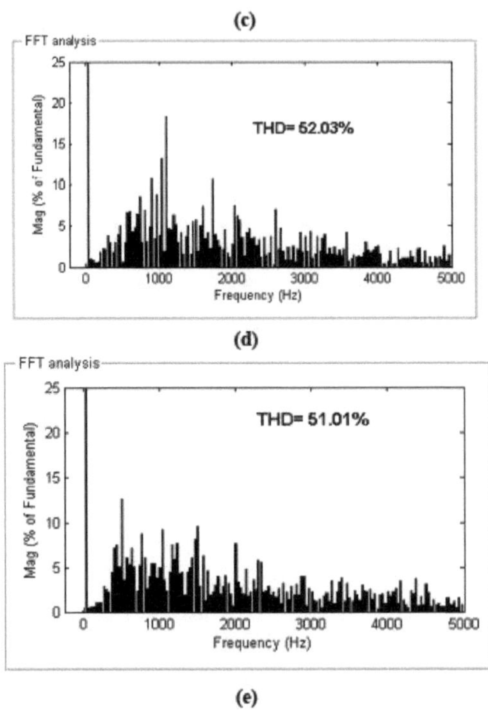

(d)

(e)

Fig. 5.21 Análise harmónica da tensão de fase efectiva à frequência de comutação de 1 kHz com (a) SVPWM (b) RRPWM (c) RCPWM (d) VSF-RPWM (e) RCVSF-RPWM

Os gráficos de estado estacionário das técnicas PWM desacopladas com várias técnicas PWM aleatórias a 1 kHz são apresentados nos gráficos 5.16 a Fig. 5.21. Os níveis de tensão criados na tensão de fase efectiva têm uma magnitude de $\pm 2V_{dc}/3$, $\pm V_{dc}/2$, $\pm V_{dc}/3$, 0. A magnitude dos degraus de tensão é a mesma em todas as técnicas PWM, sendo apenas observada uma alteração na posição do impulso. Por conseguinte, as variações da THD são limitadas. Como ambos os inversores são comutados a uma frequência de 1kHz, a frequência de impulsos resultante será de 2 kHz. Assim, uma grande quantidade de energia concentra-se em torno de 2 kHz e seus múltiplos. Estas magnitudes harmónicas foram consideravelmente reduzidas com técnicas PWM aleatórias de frequência de comutação variável

5.6 Resumo:

Um OEWIM com controlo orientado para o campo e controlo v/f com diferentes estratégias PWM aleatórias é discutido neste capítulo. As magnitudes dos harmónicos são elevadas em múltiplos de frequências de comutação com técnicas PWM convencionais. Para reduzir este fenómeno, são discutidas diferentes técnicas PWM aleatórias de frequência de comutação constante e variável. De entre todas as técnicas PWM, as técnicas PWM aleatórias de frequência de comutação variável reduziram a magnitude dos harmónicos nos múltiplos das frequências de comutação e à volta destes. Assim, com a aleatorização dos impulsos, consegue-se uma distribuição do espetro de harmónicas.

Capítulo - 6

Métodos PWM aleatórios acoplados baseados em portadora para motores de indução de enrolamento aberto de enrolamento aberto para acionamento de motores de indução

6.1 Introdução:

A fim de melhorar a qualidade da forma de onda da tensão e ultrapassar os inconvenientes da configuração tradicional do inversor multinível, a configuração OEWIM com abordagem PWM desacoplada é discutida no capítulo anterior. Para melhorar ainda mais a qualidade da forma de onda, é proposta neste capítulo uma outra abordagem PWM designada por abordagem acoplada. Este capítulo também trata da configuração do inversor isolado, tal como no capítulo anterior. Na abordagem desacoplada, os sinais de modulação ou o padrão de impulsos devem ter uma diferença de fase de 180 graus (ou de forma oposta). Mas, na abordagem acoplada, o padrão de impulsos será gerado de forma semelhante ao inversor multinível com pinça de díodo. Assim, a qualidade da forma de onda pode ser melhorada quando comparada com a abordagem desacoplada. Para avaliar a eficácia, foram efectuados e apresentados vários estudos.

6.2 Representação vetorial espacial da configuração isolada:

A configuração simétrica do inversor para um conversor OEWIM, que foi explicada no capítulo anterior, foi novamente reproduzida como se mostra na Fig. 6.1 para representar o plano vetorial num formato mais fácil, com ligeiras alterações nas notações. As localizações dos vectores espaciais de cada inversor podem ser representadas como mostra a Fig. 6.2. Os vectores 1 - 8 e 1' - 8' representam os vectores espaciais do inversor-1 e do inversor-2, respetivamente.

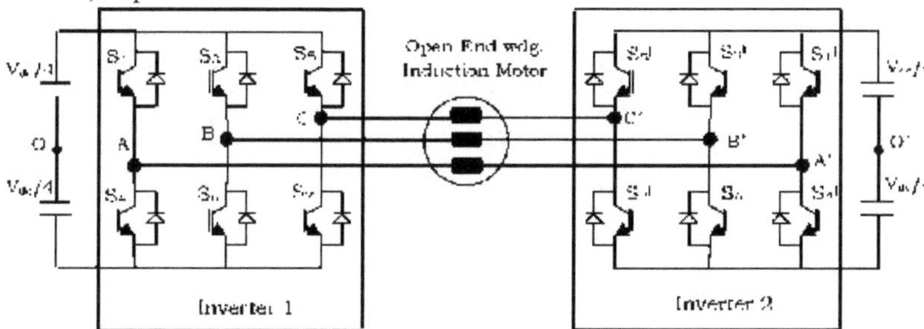

Fig. 6.1 Configuração de inversor duplo isolado

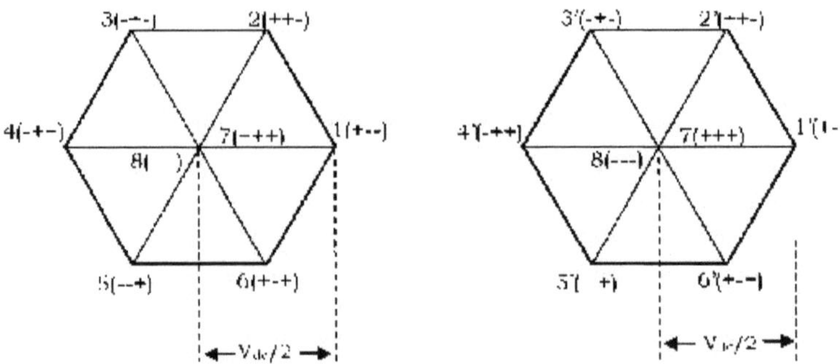

Fig. 6.2 Posições do vetor espacial dos inversores 1 e 2

Na Fig. 6.2, um '+' indica que o interrutor superior de uma dada perna do inversor está ligado, enquanto um '-' indica que o interrutor inferior dessa perna está ligado. Para cada inversor de 2 níveis, são possíveis seis vectores activos (1-6 e 1'-6') e dois estados nulos (7-8 e 7'-8'). Assim, cada inversor tem a capacidade de produzir 8 vectores de forma independente. Assim, com a combinação de ambos os vectores, é possível um total de 8x8=64 vectores espaciais, que podem ser representados como se mostra na Fig. 6.3.

Na Fig. 6.3, as amplitudes de OA, OB, OC, OD, OE, OF representam metade da tensão total do elo CC (ou equivalente à tensão de entrada individual do inversor). Da mesma forma, OG, OI, OK, OM, OP, OR representam a tensão total da ligação CC da configuração e são iguais aV_{dc}. Uma análise cuidadosa da Fig. 6.3 revela que o diagrama vetorial espacial do inversor duplo isolado é semelhante ao de um inversor de 3 níveis com pinça de díodo. Num inversor de 3 níveis com pinça de díodo também há um número total de 27 estados, juntamente com 8 vectores redundantes. O número final efetivo de vectores espaciais é 19. Assim, uma vez que os planos dos vectores espaciais são semelhantes com um número efetivo de 19 estados, a abordagem acoplada foi desenvolvida com base na comparação das portadoras do inversor de 3 níveis com pinça de díodo. Assim, também nesta abordagem, é possível obter uma tensão de saída de três níveis semelhante à forma desacoplada

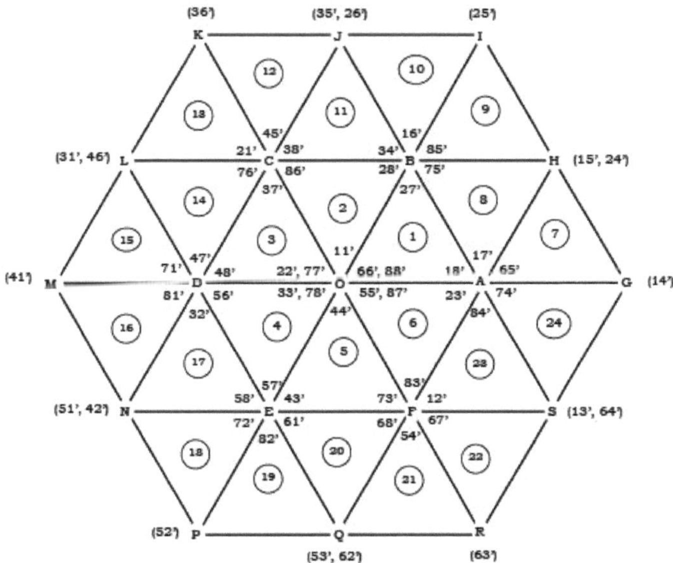

Fig. 6.3 Localizações dos vectores espaciais com as combinações de dois inversores

6.3 Implementação da abordagem acoplada baseada em portadora:

O cálculo das tensões de pólo individuais e da tensão de fase efectiva é semelhante ao da Tabela 5.1, como explicado no capítulo anterior. Para regular a frequência e a tensão, podem ser aplicadas várias técnicas PWM numa abordagem acoplada. A diferença básica entre as abordagens desacoplada e acoplada é que, na abordagem desacoplada, os sinais de modulação de ambos os inversores são comparados com um sinal de portadora comum (triangular). Já na abordagem acoplada, os sinais da portadora com deslocação de nível serão considerados para comparação com os sinais de modulação. Uma vez que a configuração simétrica isolada proposta é capaz de produzir uma tensão de saída de três níveis, devem ser considerados dois sinais de portadora com deslocação de nível. Os sinais de modulação sinusoidais serão comparados com duas portadoras com deslocação de nível, como se mostra na Fig. 6.4. Os pontos de intersecção dos sinais de modulação e portadora definirão os instantes de comutação de cada inversor. Sempre que a magnitude do sinal de modulação for superior à portadora, serão gerados impulsos, como se mostra na Fig. 6.4. A lógica de comutação para a geração de sinais de controlo para a fase-a é apresentada na Tabela 6.1.

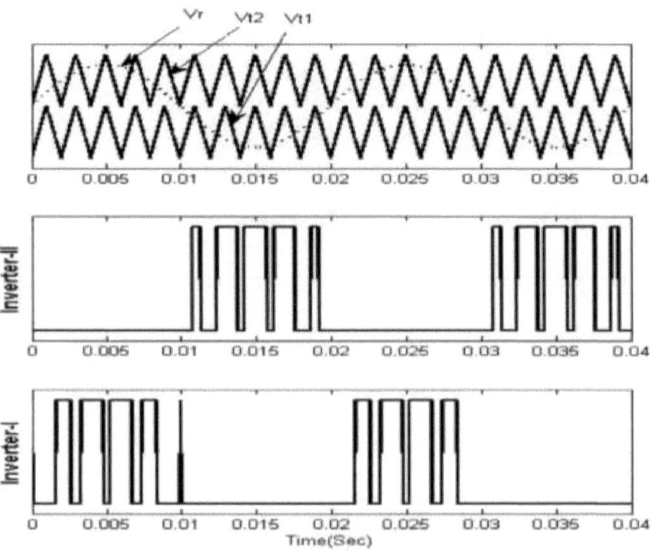

Fig. 6.4. Realização da abordagem acoplada baseada em portadora para configuração simétrica

Tabela 6.1 Lógica de comutação para inversor duplo simétrico

Estado	Estado do interruptor
Condition	**Switch Status**
$V_r > V_{t1}$ *and* $V_r > V_{t2}$	$S_1 = OFF,\ S_4 = ON$ $S_1^1 = ON,\ S_4^1 = OFF$
$V_r > V_{t1}$ *and* $V_r < V_{t2}$	$S_1 = OFF,\ S_4 = ON$ $S_1^1 = OFF,\ S_4^1 = ON$
$V_r < V_{t1}$ *and* $V_r < V_{t2}$	$S_1 = ON,\ S_4 = OFF$ $S_1^1 = OFF,\ S_4^1 = ON$

De forma semelhante, os três sinais sinusoidais, cada um com um deslocamento de fase de 120°, podem ser comparados com sinais portadores comuns com deslocamento de nível. A partir da Fig. 6.4, pode ser observado que, em cada instante, apenas um inversor está em operação de comutação. Assim, a perda de comutação pode ser reduzida em 50% quando comparada com a abordagem DCPWM.

6.4 Implementação de métodos de acoplamento aleatório baseados em portadora:

6.4.1 Implementação da técnica de PWM de referência aleatória acoplada:

Tal como nos capítulos anteriores, nesta abordagem também se podem obter sinais de modulação adicionando o sinal de sequência zero às formas de onda de modulação. O sinal de sequência zero é tomado como em (6.1) e os sinais de modulação correspondentes podem ser gerados como em (6.2).

$$V_{ZS} = \frac{V_{dc}}{2}(2k_O - 1) - k_O V_{max} + (k_O - 1)V_{min} \qquad (6.1)$$

$$V_{i\,ref}^{*} = V_{i\,ref} + V_{ZS} \quad i{=}a,b,c \qquad (6.2)$$

Como se mostra na Fig. 6.5, um sinal de modulação contínuo tradicional pode ser produzido definindo k_0=0,5 (a). A constante k0 é agora aleatoriamente variada entre 0 e 1 para aleatorização dos sinais de modulação. O sinal de modulação para RR-PWM obtido é mostrado na Fig. 6.5 (b). A introdução de aleatoriedade para a constante k causa uma variação abrupta na amplitude do sinal de seqüência zero com o RR-PWM. Como consequência, a amplitude do sinal de modulação muda abruptamente. Os sinais de controlo para o inversor-I e o inversor-II são produzidos comparando o sinal de modulação mostrado na Fig. 6.5 (b) com sinais triangulares de mudança de nível de alta frequência.

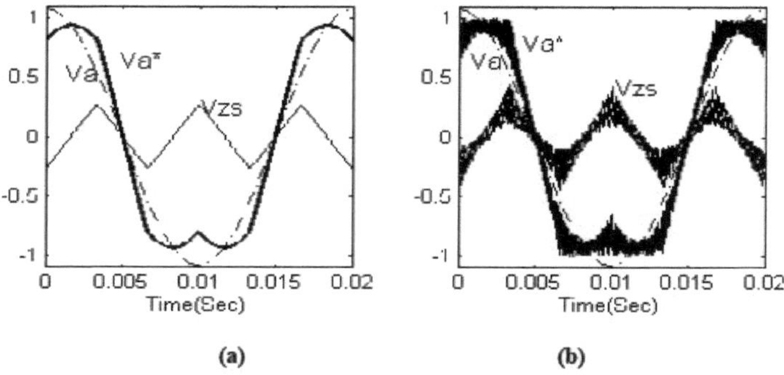

Fig. 6.5 Sinal de referência antigo (V_a), sinal de modulação ou sinal de referência novo (V_a^*) e sinal de sequência zero (V_{zs}) da (a) técnica CPWM (b) Técnica RR-PWM

6.4.2 Implementação da técnica de PWM de portadora aleatória acoplada (RC-PWM):

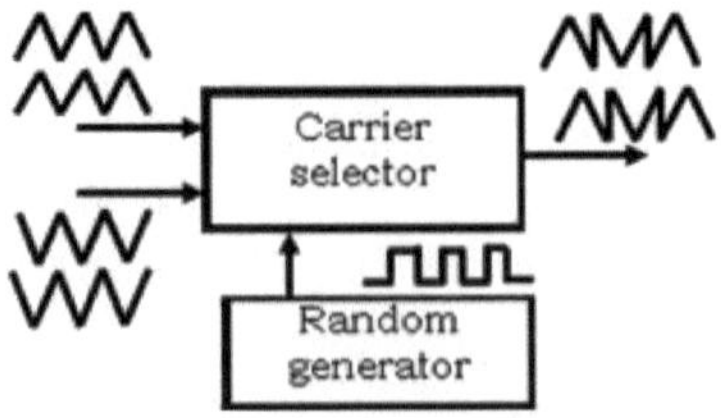

Fig. 6.6 Diagrama de blocos que ilustra o princípio básico da seleção da portadora

Os sinais de modulação serão comparados com sinais portadores de mudança de nível que variam aleatoriamente nesta forma de técnica PWM. Na Fig. 6.6 são considerados sinais portadores de mudança de nível positivos e negativos com frequência fixa. O gerador aleatório determina se são utilizados sinais de portadora positivos ou negativos. Com uma frequência igual à frequência de comutação, o gerador aleatório produz um sinal alto ou baixo (0 ou 1). O seletor de portadora seleciona sinais de portadora de deslocamento de nível positivo ou negativo, dependendo se o gerador aleatório produz 1 ou 0. Como resultado, a saída do seletor de portadora é uma mistura de sinais de portadora de deslocamento de nível positivo e negativo, dependendo do gerador aleatório. Na técnica PWM de portadora aleatória acoplada, os sinais de portadora aleatória com deslocamento de nível e os sinais de modulação utilizados para a geração de sinais de controlo para a fase-a são apresentados na Fig. 6.7.

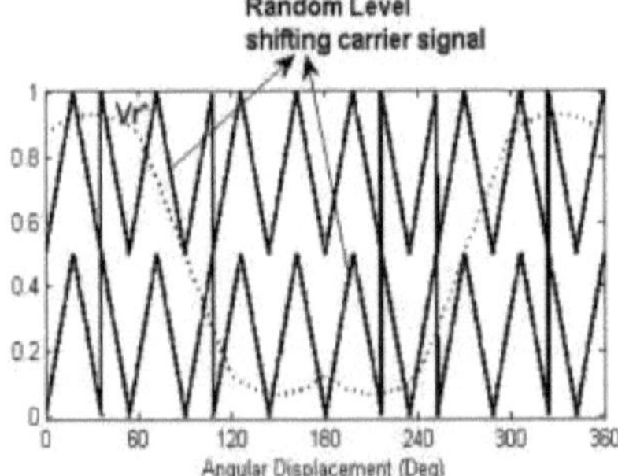

Fig. 6.7 Sinais portadores modulantes e de mudança de nível aleatória utilizados na técnica RC-CPWM para gerar sinais de controlo

6.4.3 Implementação da técnica de PWM aleatório de frequência variável acoplado:

O diagrama de blocos que ilustra o PWM aleatório de frequência de comutação variável acoplado (VSF-RPWM) é apresentado na Fig. 6.8. Na Fig. 6.8, o bloco gerador de frequências aleatórias gera aleatoriamente uma frequência de ±500 da frequência de comutação de base (5000 Hz). Com base nesta frequência, o bloco gerador do sinal portador de deslocação de nível gera um sinal portador de deslocação de nível de frequência de comutação variável. Neste VSF-RPWM acoplado, o sinal portador de deslocação de nível de frequência de comutação variável de saída é comparado com o sinal de modulação contínua para gerar sinais de controlo.

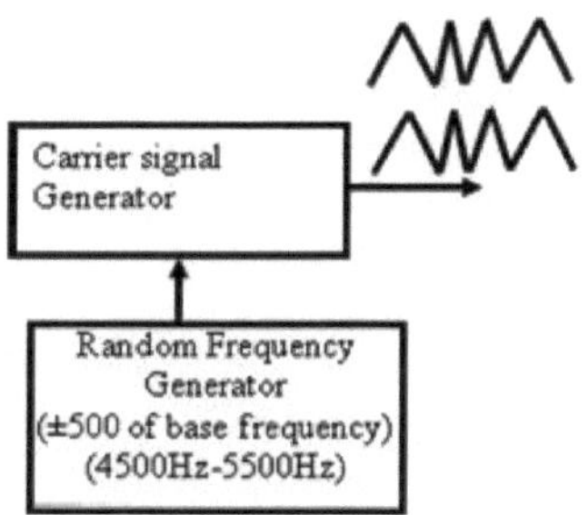

Fig. 6.8 Diagrama de blocos ilustrando a frequência de comutação variável acoplada Esquema de geração do sinal da portadora com deslocação de nível

6.4.4 Implementação da técnica PWM de seleção aleatória de portadora acoplada e frequência de comutação variável aleatória

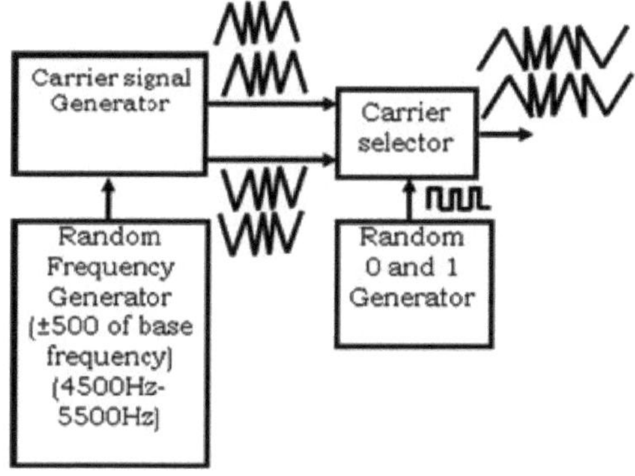

Fig. 6.9 Diagrama de blocos ilustrando a técnica de seleção de portadora aleatória acoplada e de PWM de frequência de comutação variável aleatória

Neste tipo de técnica PWM, em vez de se utilizar um sinal portador de mudança de nível de frequência de comutação variável aleatória, são utilizados dois conjuntos (sinais portadores de mudança de nível de frequência de comutação positiva e negativa) de sinais portadores de mudança de nível de frequência de comutação variável aleatória. A seleção entre os sinais portadores de mudança de nível de frequência de comutação variável positiva e negativa é feita de forma aleatória. O diagrama de blocos que ilustra o RCVSF-PWM é apresentado na Fig. 6.9. Na Fig. 6.9, o gerador de sinais de portadora de deslocação de nível gera ambos os sinais de portadora de deslocação de nível (sinais de portadora de deslocação de nível positivo e negativo) com uma frequência de comutação variável aleatória. Estes dois sinais são introduzidos como entradas no seletor de portadora. Com base no gerador aleatório, o seletor de portadora seleciona aleatoriamente o sinal de portadora de deslocamento de nível positivo e negativo. O seletor de portadora de saída será uma mistura de sinais de portadora de mudança de nível de frequência de comutação variável positiva e negativa. O sinal de portadora misturado (sinais de portadora de mudança de nível positivos e negativos) é comparado com o sinal de modulação contínua para gerar sinais de controlo.

6.5 Resultados e discussão

O desempenho das técnicas PWM aleatórias de frequência de comutação constante e de frequência de comutação variável também é testado no modelo protótipo do conversor OEWIM com controlo v/f. Os resultados obtidos a partir do modelo protótipo são apresentados nas Fig. 6.10 a Fig. 6.14. Nos resultados, a tensão de fase efectiva em vazio e a corrente de fase são representadas em função do tempo. Uma tensão DC de entrada de 100V é aplicada a cada inversor para formar uma tensão efectiva de 200V. Os sinais de controlo são gerados a uma frequência de comutação de 1 kHz. Esta magnitude harmónica foi consideravelmente reduzida com técnicas PWM aleatórias de frequência de comutação variável.

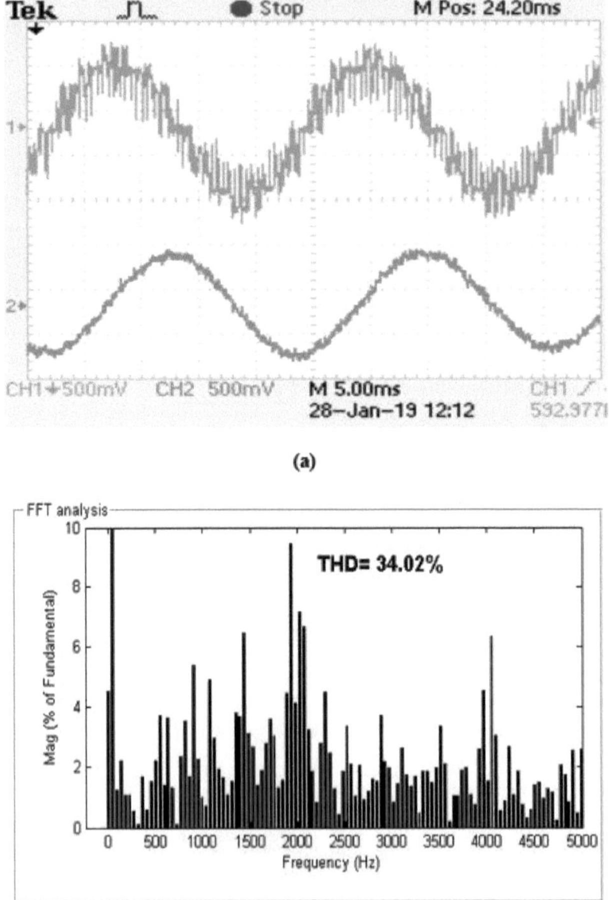

(a)

(b)

Fig. 6.10 Resultados de hardware em estado estacionário do n CSFCPWM (a) Tensão de fase efectiva e corrente de linha (b) THD da tensão de fase efectiva

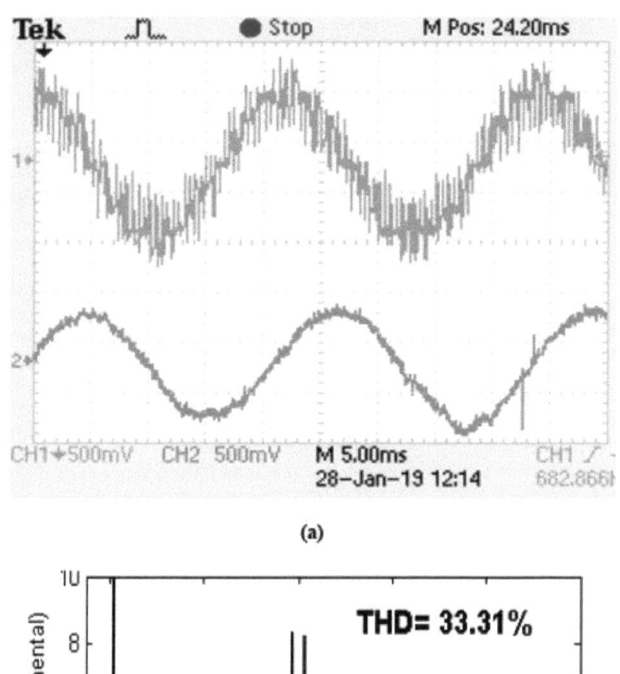

(a)

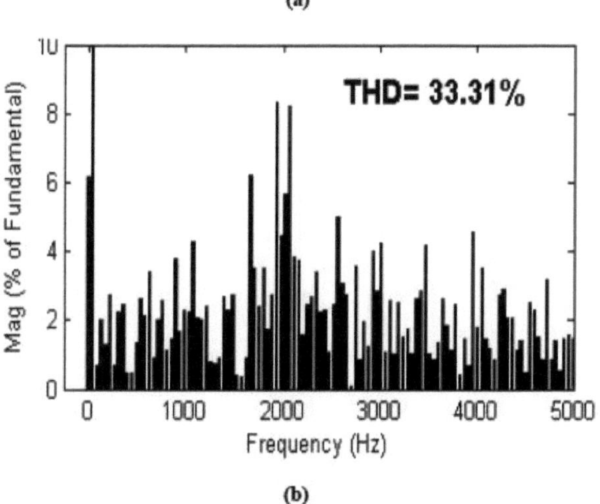

(b)

Fig. 6.11 Resultados de hardware em estado estacionário do CSF RRPWM (a) Tensão de fase efectiva e corrente de linha (b) THD da tensão de fase efectiva

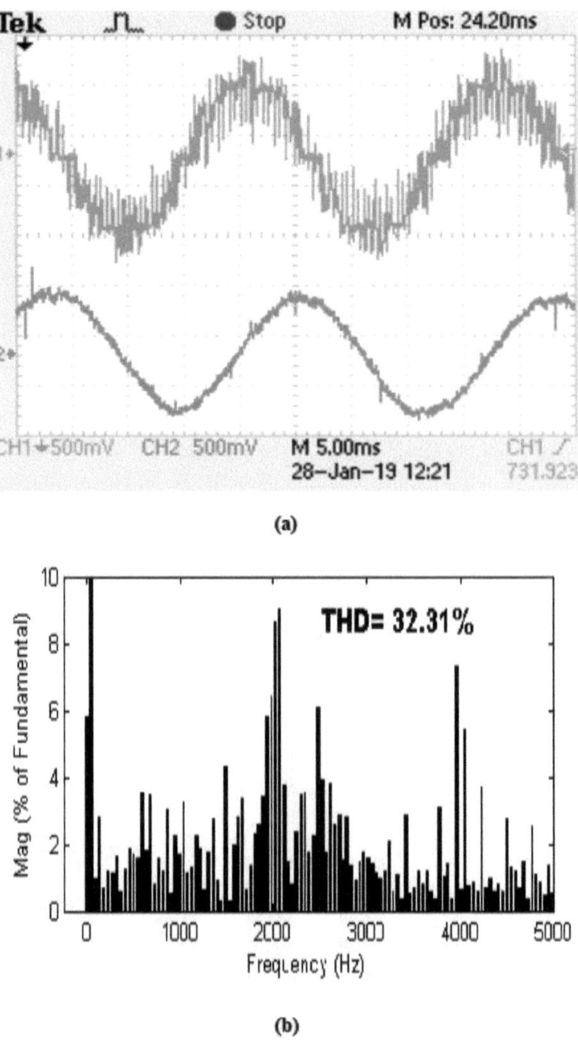

Fig. 6.12 Resultados de hardware em estado estacionário do CSF RCPWM (a) Tensão de fase efectiva e corrente de linha (b) THD da tensão de fase efectiva

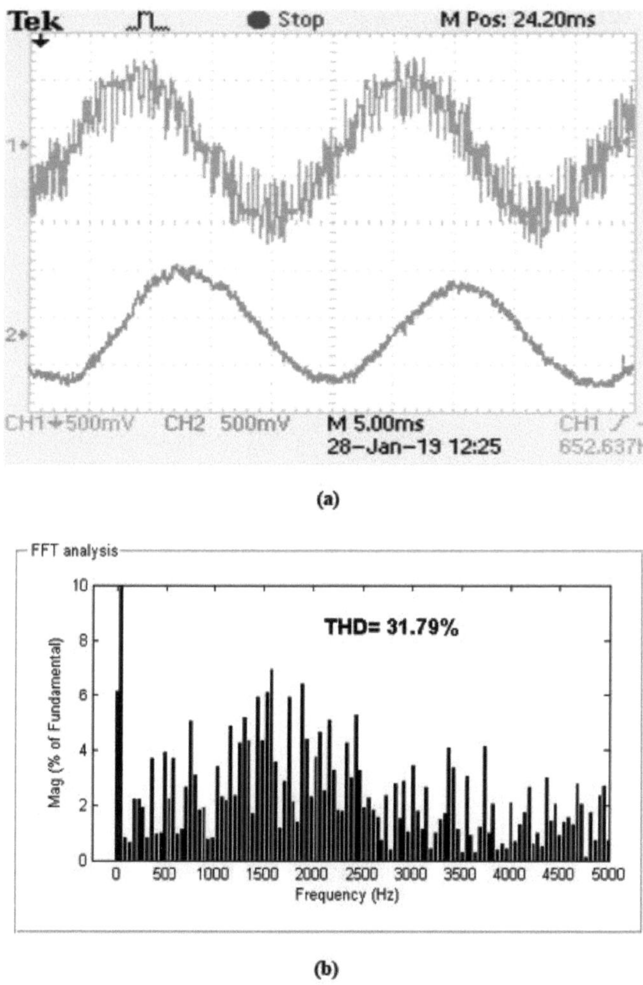

Fig. 6.13 Resultados de hardware em estado estacionário do VSF RPWM (a) Tensão de fase efectiva e corrente de linha (b) THD da tensão de fase efectiva

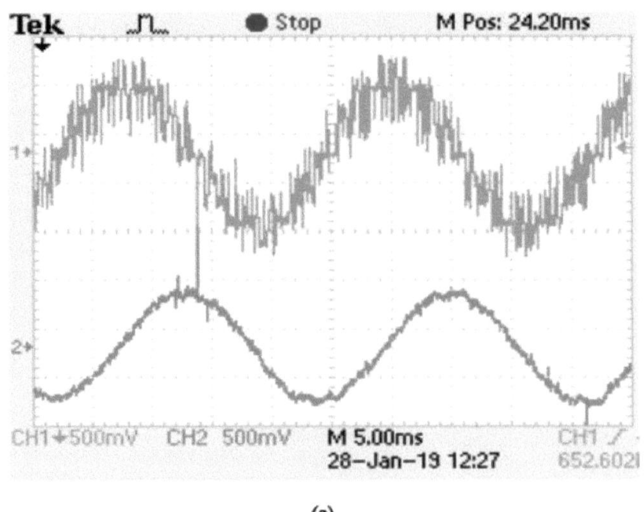

(a)

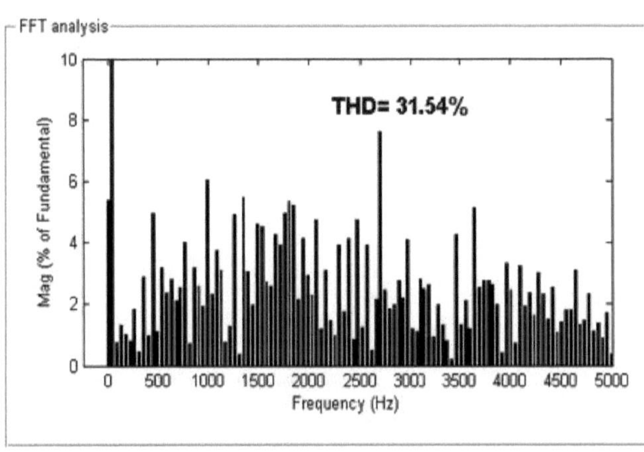

(b)

Fig. 6.14 Resultados de hardware em estado estacionário do RCVSF PWM (a) Tensão de fase efectiva e corrente de linha (b) THD da tensão de fase efectiva

6.6 FOC do OEWIM com as estratégias propostas de PWM aleatório acoplado:

O binário e o fluxo do conversor são controlados independentemente para melhorar a eficiência transitória, o que é possível utilizando técnicas comuns de circuito fechado, como o controlo vetorial e o controlo direto do binário. A técnica de controlo vetorial é o tema principal do trabalho. A Fig. 6.15 mostra um diagrama de blocos de um motor de indução de enrolamento aberto alimentado por um inversor duplo controlado por vetor, utilizando a técnica PWM acoplada. Os sinais de retorno do motor são utilizados para produzir o binário de referência e os componentes de regulação do fluxo (Ids* e Iqs*) no diagrama de blocos. Os sinais de referência são produzidos através da comparação dos sinais de referência com os actuais (Ids e Iqs). Os controladores PI são utilizados para processar os sinais de erro e produzir sinais de controlo de referência para o conversor duplo.

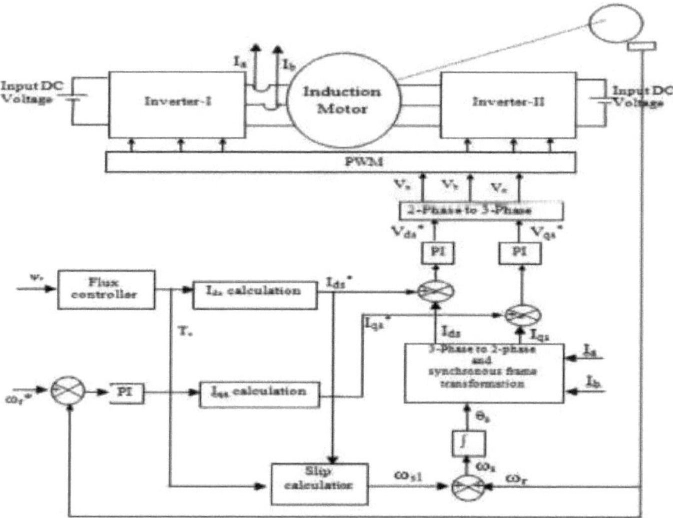

Fig. 6.15 Diagrama de blocos do motor de indução de enrolamento aberto ligado a um inversor duplo controlado por vetor com técnica PWM aleatória acoplada

Os resultados da FOC do conversor OEWIM com a técnica PWM aleatória acoplada são apresentados nas Fig. 6.16 a Fig. 6.20. Em todos os resultados, a tensão do pólo, a tensão de fase efectiva, as correntes trifásicas, a velocidade e a ondulação do binário são representadas em função do tempo. As THDs da tensão de fase efectiva também são apresentadas para comparação entre diferentes estratégias de PWM aleatório acoplado na Fig. 6.21. A frequência é mantida constante a 5 kHz nas técnicas PWM de frequência de comutação constante e é variada numa banda de ±500 a 5 kHz nas técnicas PWM de frequência de comutação variável.

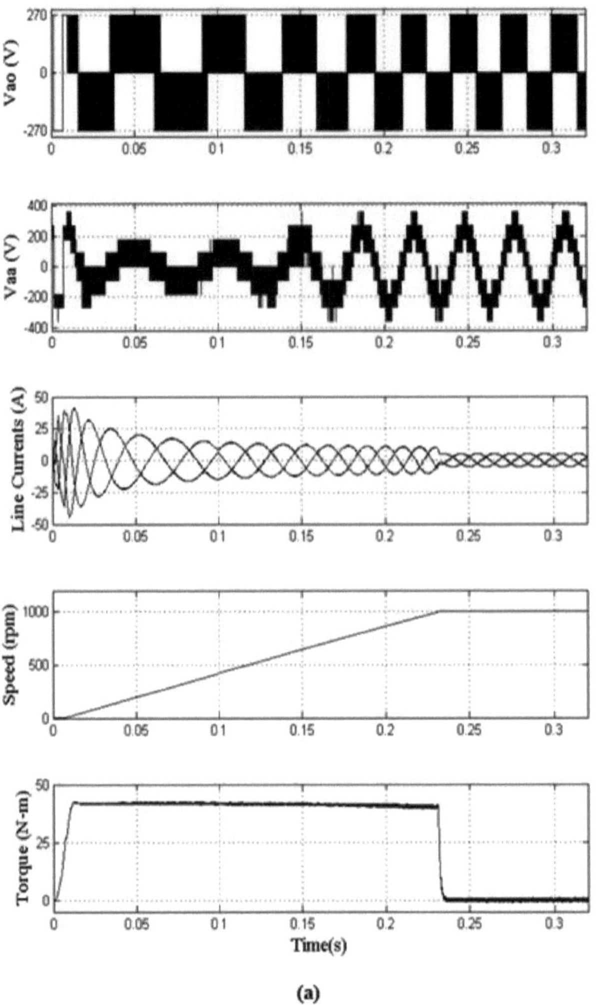
Vao (V)
270
0
-270
Vaa (V)
400
200
0
-200
-400
Line Currents (A)
50
25
0
-25
-50
Speed (rpm)
1000
500
0
Torque (N-m)
50
25
0
0
0.05
0.1
0.15
0.2
0.25
0.3
Time(s)

(a)

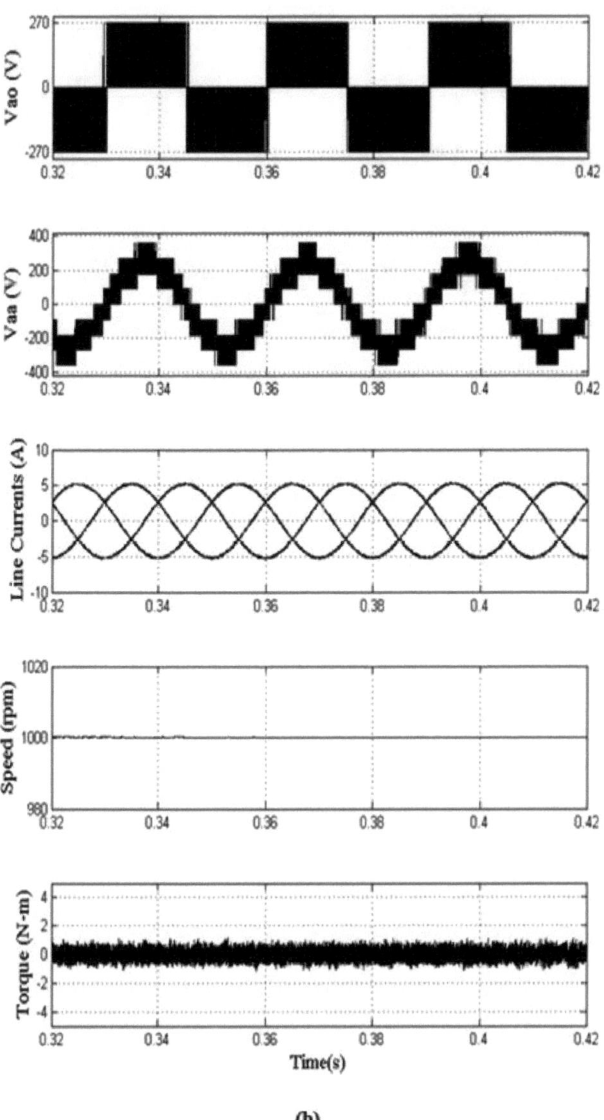

Vao (V)
270
0
-270
Vaa (V)
400
200
0
-200
-400
Line Currents (A)
10
5
0
-5
-10
Speed (rpm)
1020
1000
980
Torque (N-m)
4
2
0
-2
-4
0.32
0.34
0.36
0.38
0.4
0.42
Time(s)

(b)

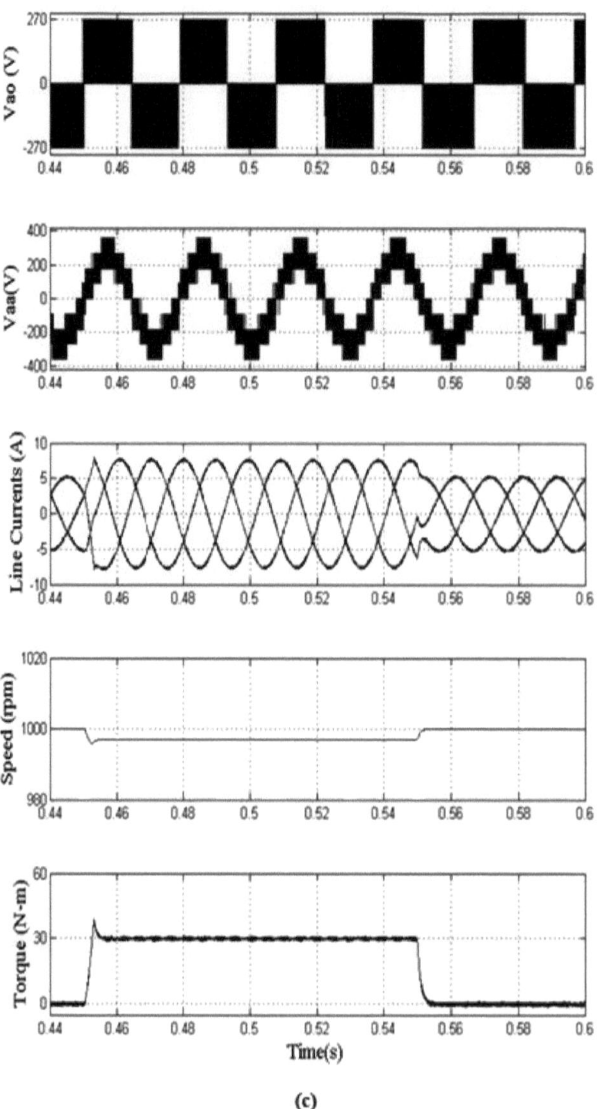

Vao (V)
270
0
-270
Vaa(V)
400
200
0
-200
-400
Line Currents (A)
10
5
0
-5
-10
Speed (rpm)
1020
1000
980
Torque (N-m)
60
30
0
0.44
0.46
0.48
0.5
0.52
0.54
0.56
0.58
0.6
Time(s)

(c)

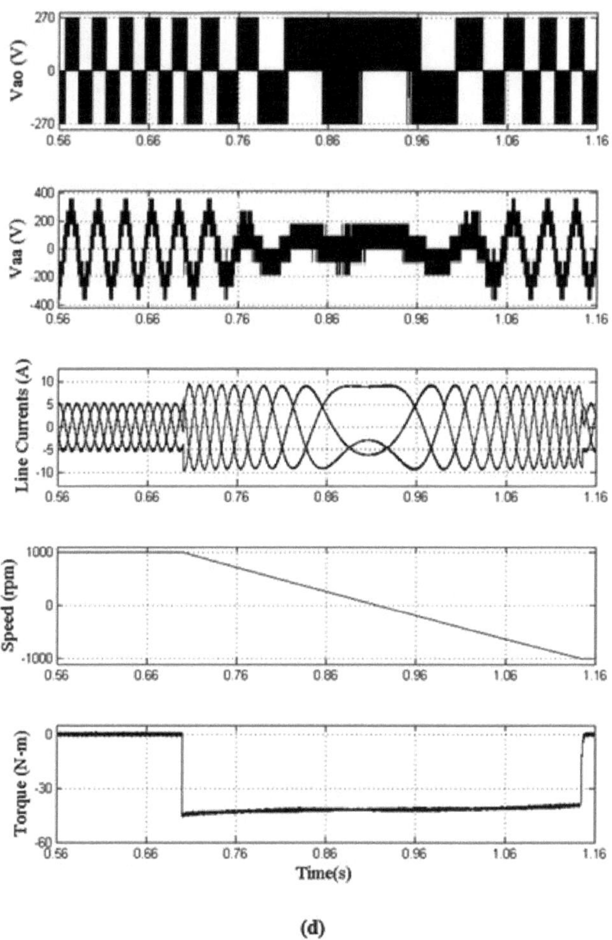

(d)

Fig. 6.16 Análise transitória e de estado estacionário do OEWIM alimentado de 3 níveis controlado por vetor com SVPWM acoplado (a) Durante a condição de arranque (b) Durante a condição de estado estacionário (c) Durante a condição de carga (d) Durante a condição de inversão de velocidade

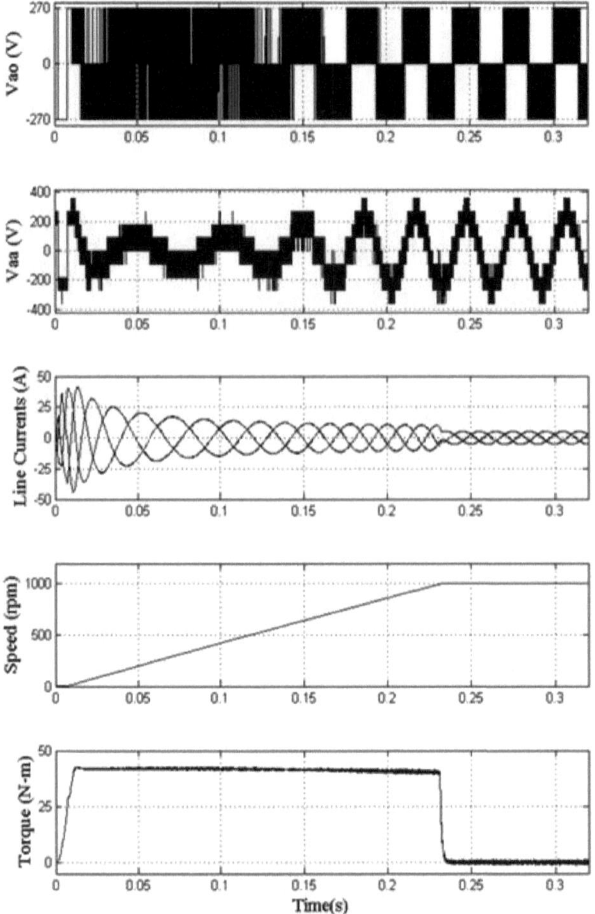

(a)

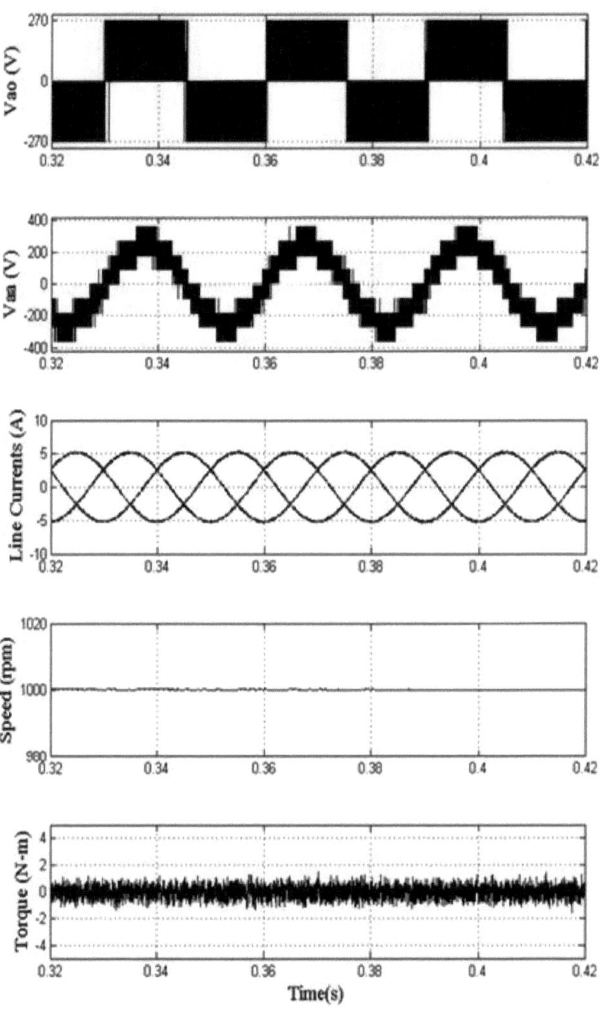

Vao (V)
270
0
-270
Vaa (V)
400
200
0
-200
-400
Line Currents (A)
10
5
0
-5
-10
Speed (rpm)
1020
1000
980
Torque (N-m)
4
2
0
-2
-4
0.32
0.34
0.36
0.38
0.4
0.42
Time(s)

(b)

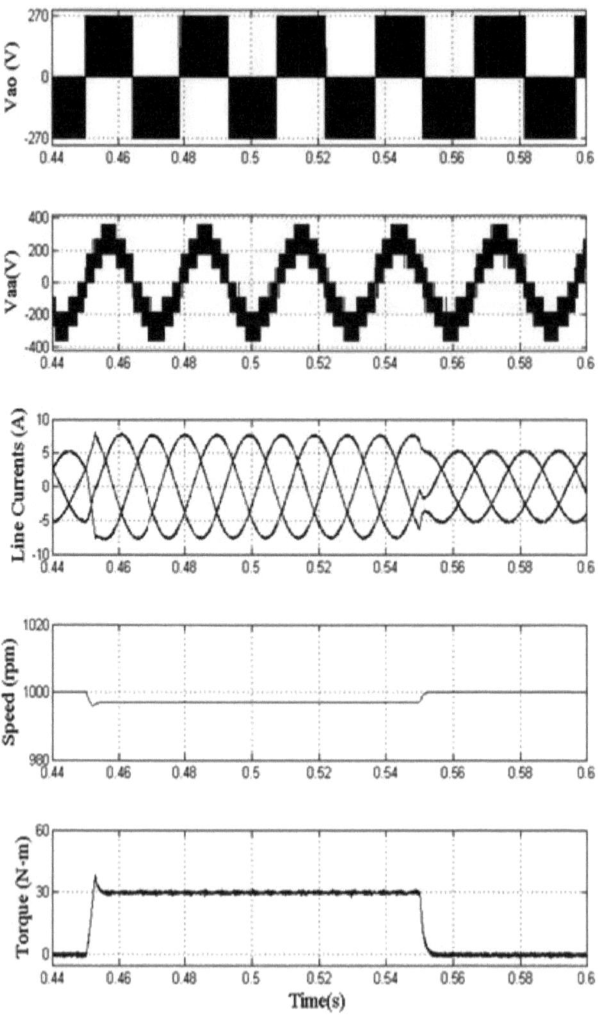
Vao (V)
270
0
-270
Vaa(V)
400
200
0
-200
-400
Line Currents (A)
10
5
0
-5
-10
Speed (rpm)
1020
1000
980
Torque (N-m)
60
30
0
0.44
0.46
0.48
0.5
0.52
0.54
0.56
0.58
0.6
Time(s)

(C)

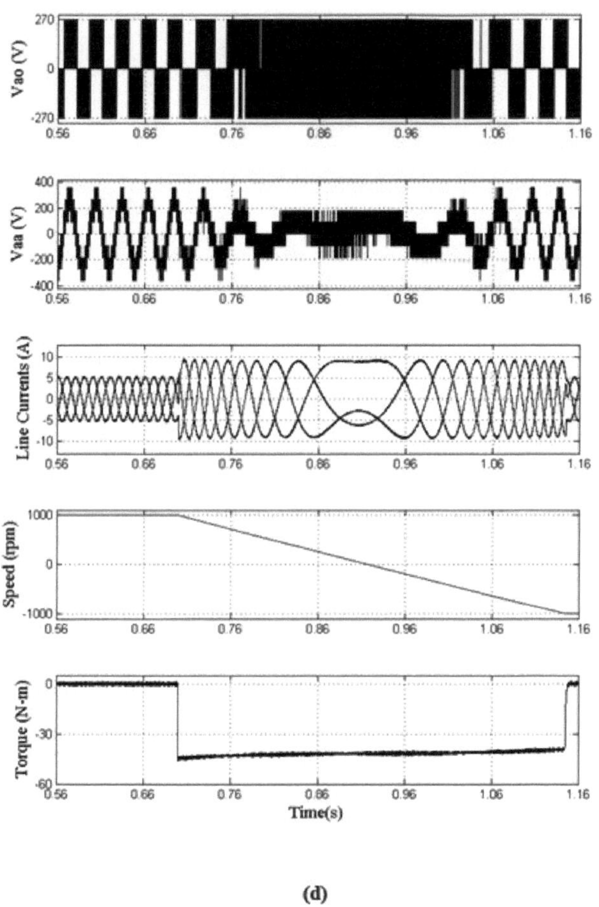

(d)

Fig. 6.17 Análise transitória e de estado estacionário da OEWIM alimentada de 3 níveis controlada por vetor com RRPWM acoplado (a) Durante a condição de arranque (b) Durante a condição de estado estacionário (c) Durante a condição de carga (d) Durante a condição de inversão de velocidade

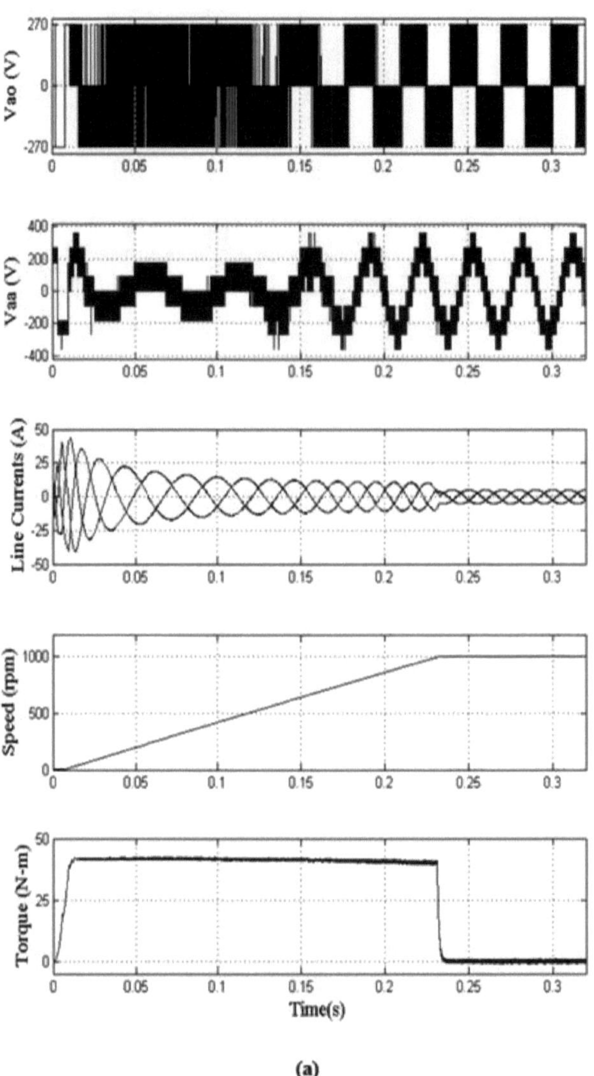
Vao (V)
270
0
-270
Vaa (V)
400
200
0
-200
-400
Line Currents (A)
50
25
0
-25
-50
Speed (rpm)
1000
500
0
Torque (N-m)
50
25
0
0
0.05
0.1
0.15
0.2
0.25
0.3
Time(s)

(a)

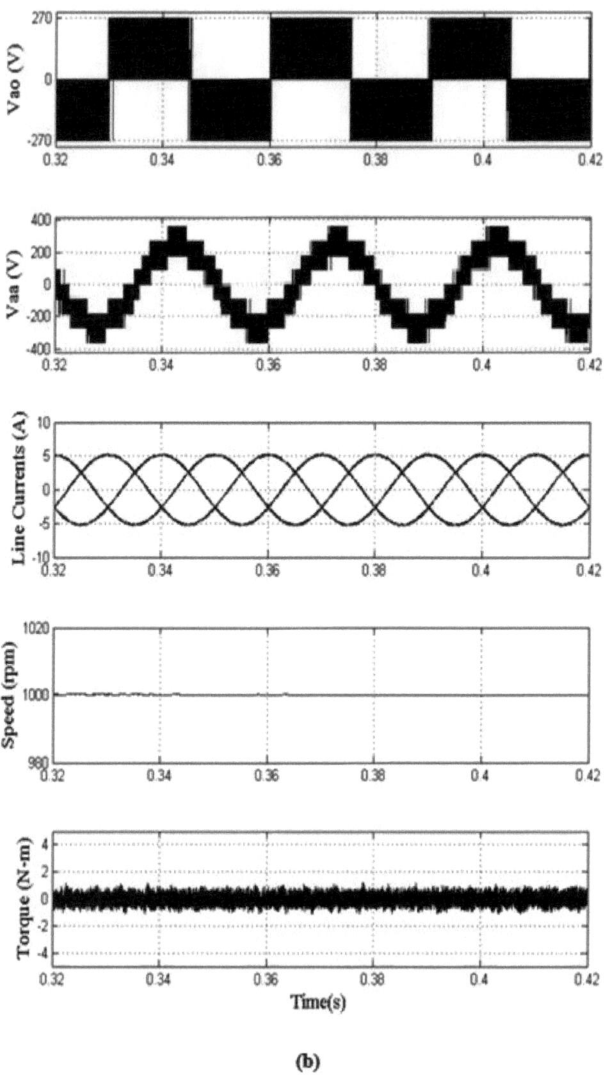

(b)

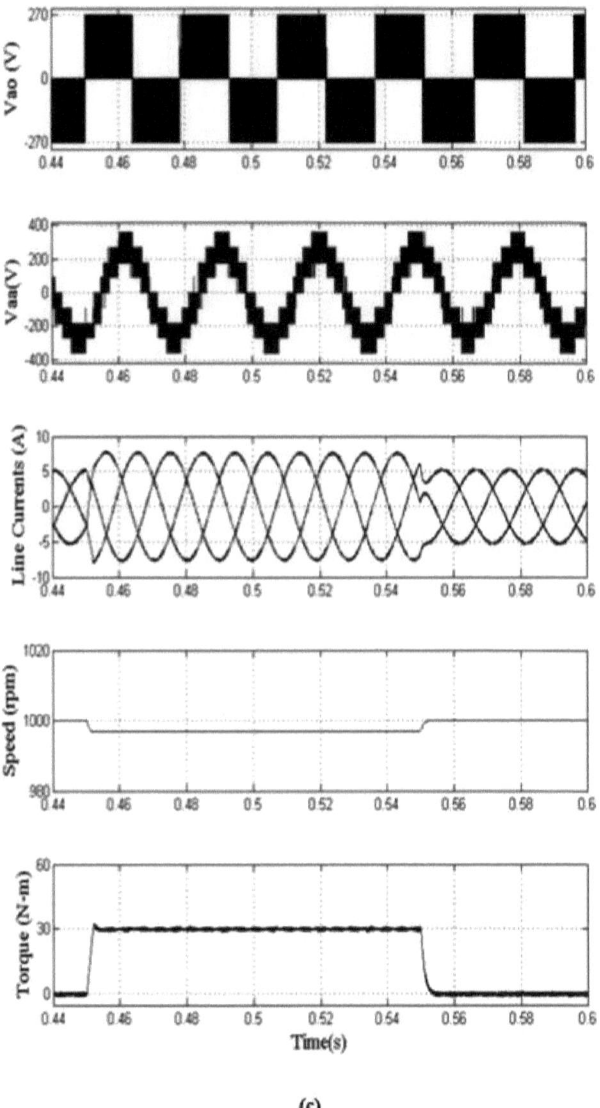

270
0
-270
Vao (V)
0.44
0.46
0.48
0.5
0.52
0.54
0.56
0.58
0.6
400
200
0
-200
-400
Vaa(V)
10
5
0
-5
-10
Line Currents (A)
1020
1000
980
Speed (rpm)
60
30
0
Torque (N-m)
Time(s)

(c)

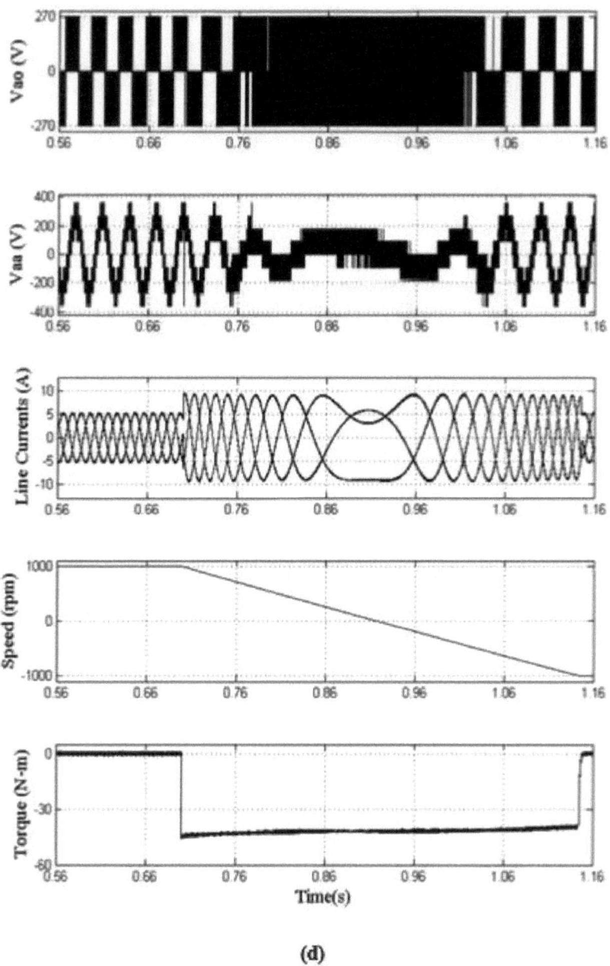

(d)

Fig. 6.18 Análise transitória e de estado estacionário da OEWIM alimentada de 3 níveis controlada por vetor com RCPWM acoplado (a) Durante a condição de arranque (b) Durante a condição de estado estacionário (c) Durante a condição de carga (d) Durante a condição de inversão de velocidade

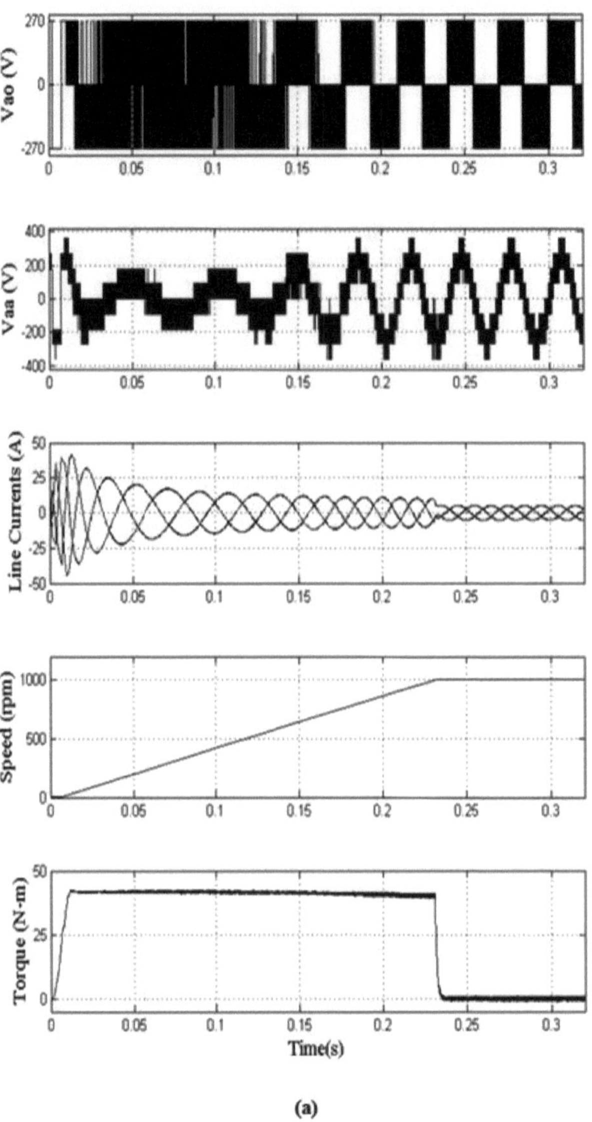

Vao (V)
270
0
-270
Vaa (V)
400
200
0
-200
-400
Line Currents (A)
50
25
0
-25
-50
Speed (rpm)
1000
500
0
Torque (N-m)
50
25
0
0
0.05
0.1
0.15
0.2
0.25
0.3
Time(s)

(a)

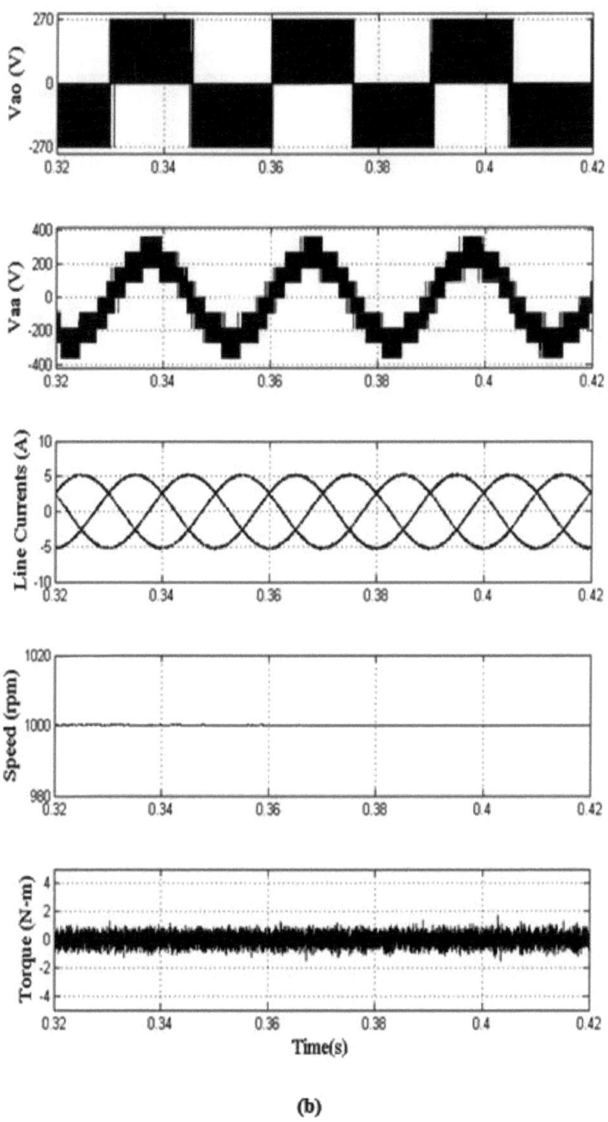
Vao (V)
270
0
-270
Vaa (V)
400
200
0
-200
-400
Line Currents (A)
10
5
0
-5
-10
Speed (rpm)
1020
1000
980
Torque (N-m)
4
2
0
-2
-4
0.32
0.34
0.36
0.38
0.4
0.42
Time(s)

(b)

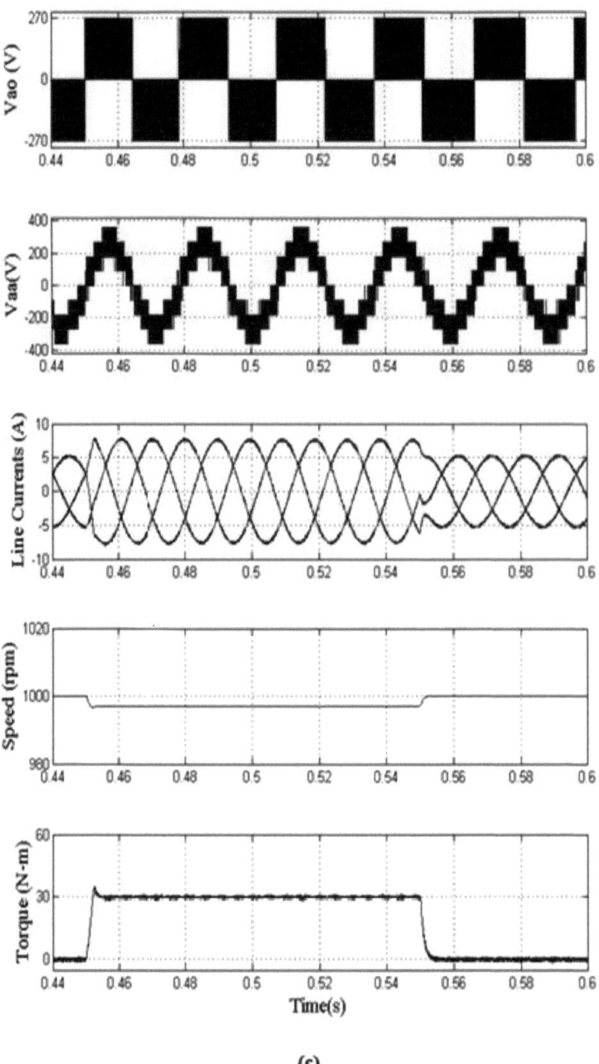

(c)

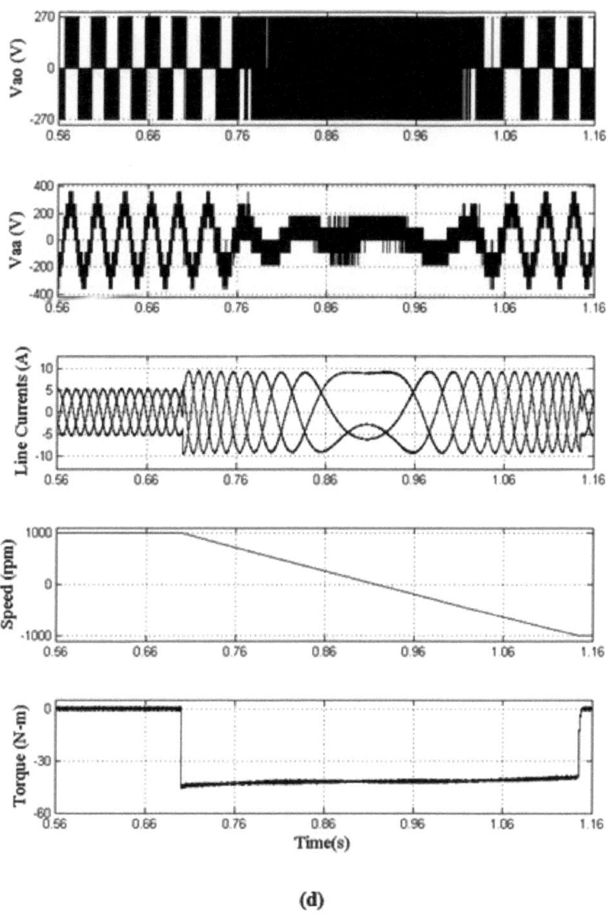

(d)

Fig. 6.19 Análise transitória e de estado estacionário do OEWIM alimentado de 3 níveis controlado por vetor com RPWM VSF acoplado (a) Durante a condição de arranque (b) Durante a condição de estado estacionário (c) Durante a condição de carga (d) Durante a condição de inversão de velocidade

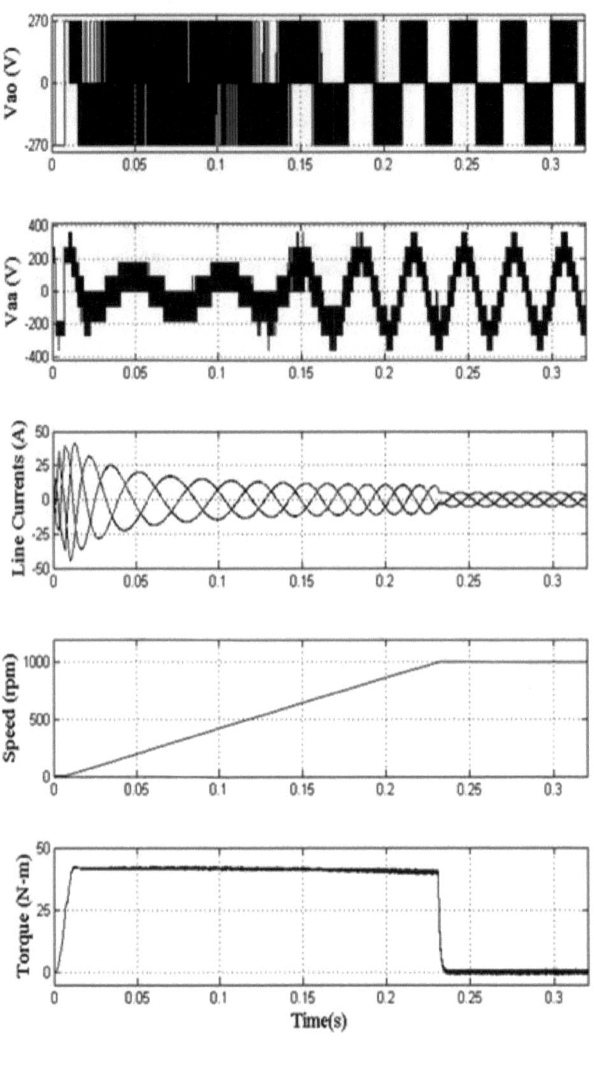

(a)

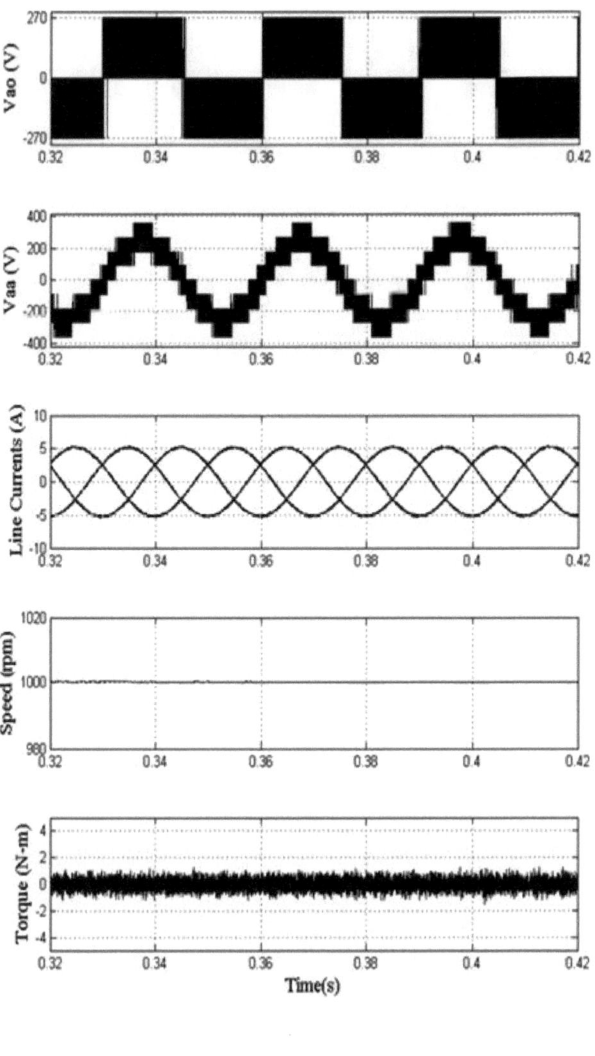
270
0
-270
Vao (V)
0.32
0.34
0.36
0.38
0.4
0.42
400
200
0
-200
-400
Vaa (V)
10
5
0
-5
-10
Line Currents (A)
1020
1000
980
Speed (rpm)
4
2
0
-2
-4
Torque (N-m)
Time(s)

(b)

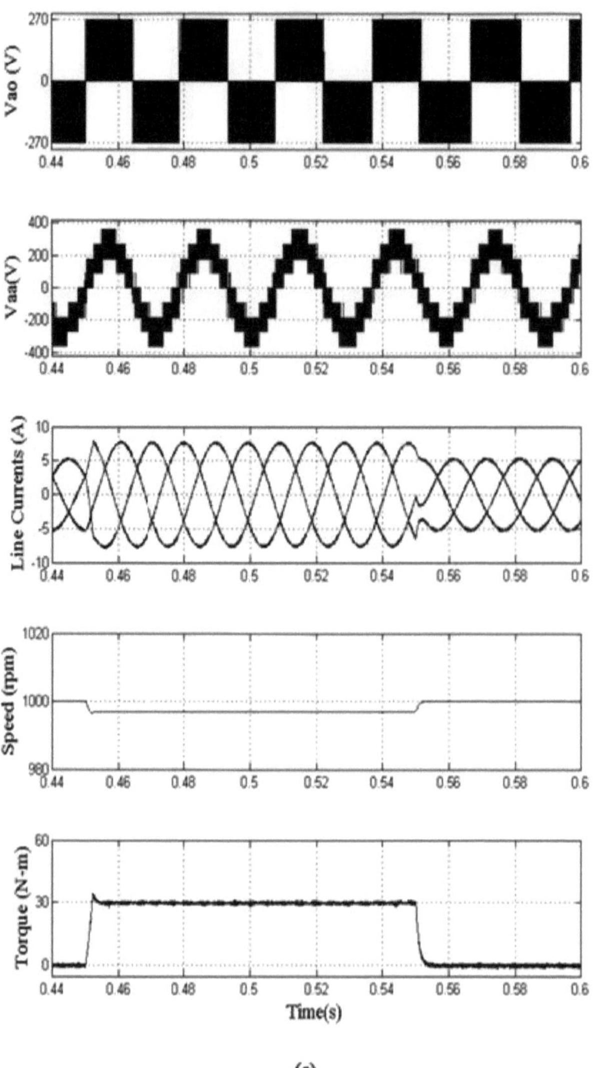

Vao (V)
270
0
-270
Vaa(V)
400
200
0
-200
-400
Line Currents (A)
10
5
0
-5
-10
Speed (rpm)
1020
1000
980
Torque (N-m)
60
30
0
0.44
0.46
0.48
0.5
0.52
0.54
0.56
0.58
0.6
Time(s)

(c)

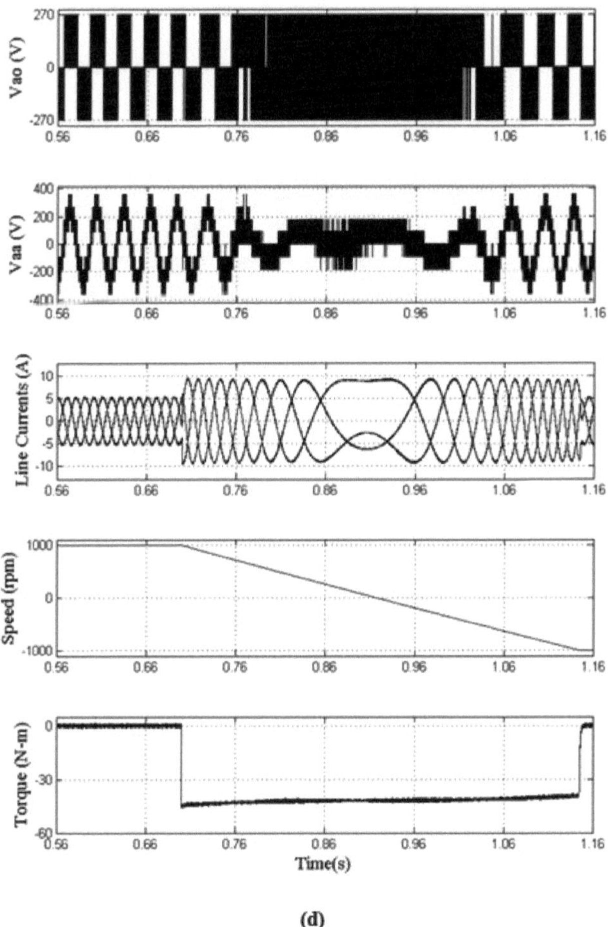

(d)

Fig. 6.20 Análise transitória e de estado estacionário do OEWIM alimentado de 3 níveis controlado por vetor com VSFRCPWM acoplado (a) Durante a condição de arranque (b) Durante a condição de estado estacionário (c) Durante a condição de carga (d) Durante a condição de inversão de velocidade

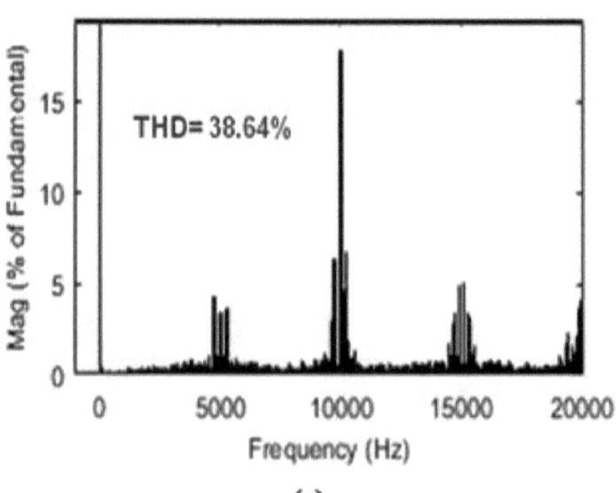

(a)

THD= 37.98%
Mag (% of Fundamental)
0 2 4 6 8 10 12
0 5000 10000 15000 20000

(b)

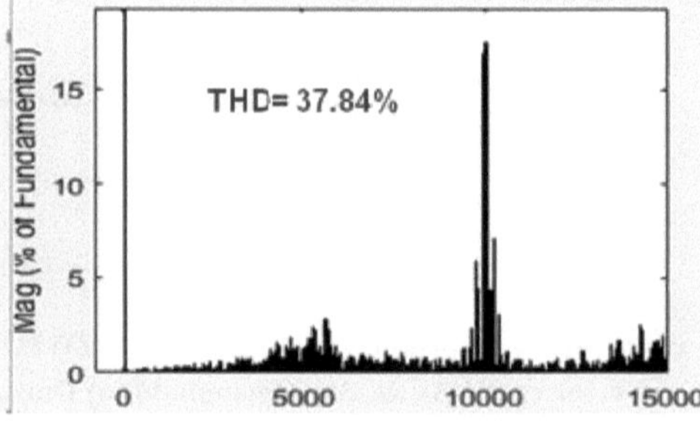

(c)

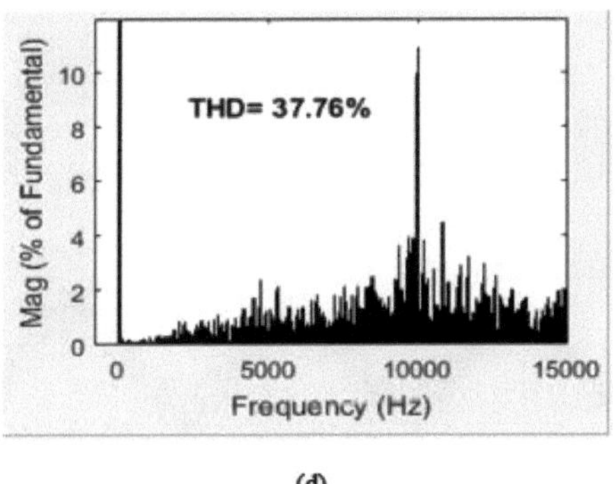

(d)

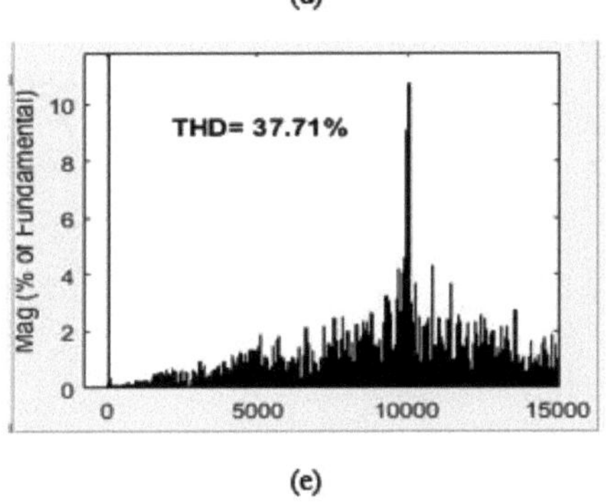

(e)

Fig. 6.21 Análise harmónica da tensão de fase efectiva com (a) SVPWM (b) RRPWM (c) RCPWM (d) VSF-RPWM (e) RCVSF-RPWM

A velocidade do motor permanece constante a 1000 rpm durante o estado estacionário e a ondulação do binário é limitada apenas a +5 N-m a -5 N-m. Como resultado, os controladores são fiáveis. As magnitudes dos níveis de tensão gerados na tensão de fase efectiva são ±2Vdc/3, ±Vdc/2, ±Vdc/3 e 0. A magnitude dos passos de tensão é a mesma em todas as técnicas PWM; a única diferença está na posição do impulso. Como resultado, as variações de THD são mínimas. A frequência a que os inversores são comutados é de 5 kHz. Como resultado, muita energia é concentrada em torno de 10 kHz, 15 kHz, etc. Com a frequência de comutação variável acoplada a técnicas PWM aleatórias, as magnitudes harmónicas foram significativamente reduzidas.

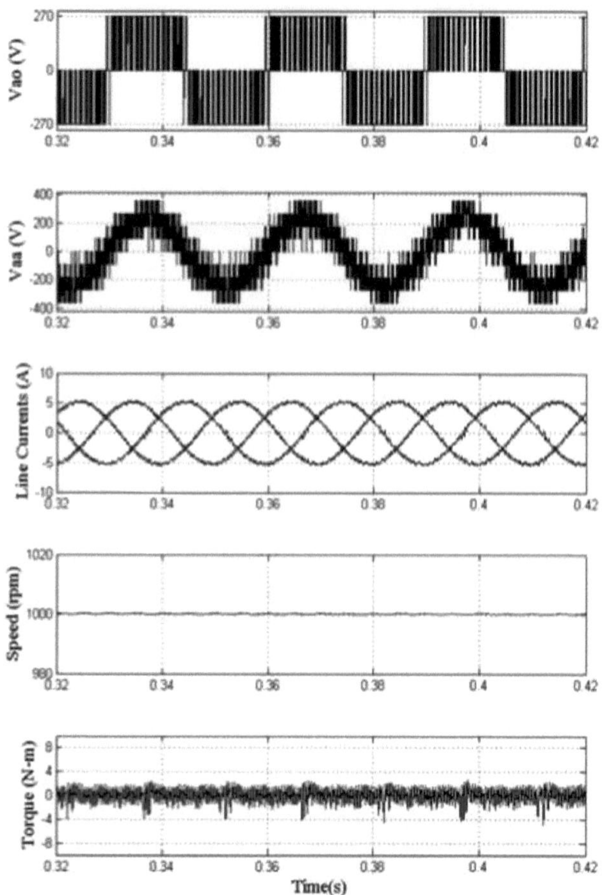

Fig. 6.22 Análise do estado estacionário da OEWIM alimentada de 3 níveis controlada por vetor com SVPWM acoplado à frequência de comutação de 1kHz

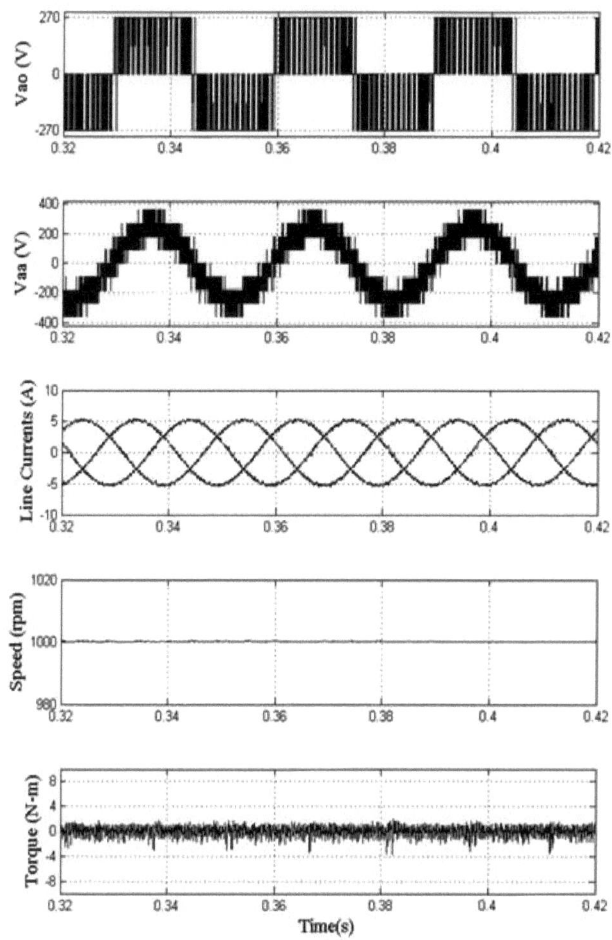

Fig. 6.23 Análise do estado estacionário da OEWIM alimentada de 3 níveis controlada por vetor com RRPWM acoplado à frequência de comutação de 1 kHz

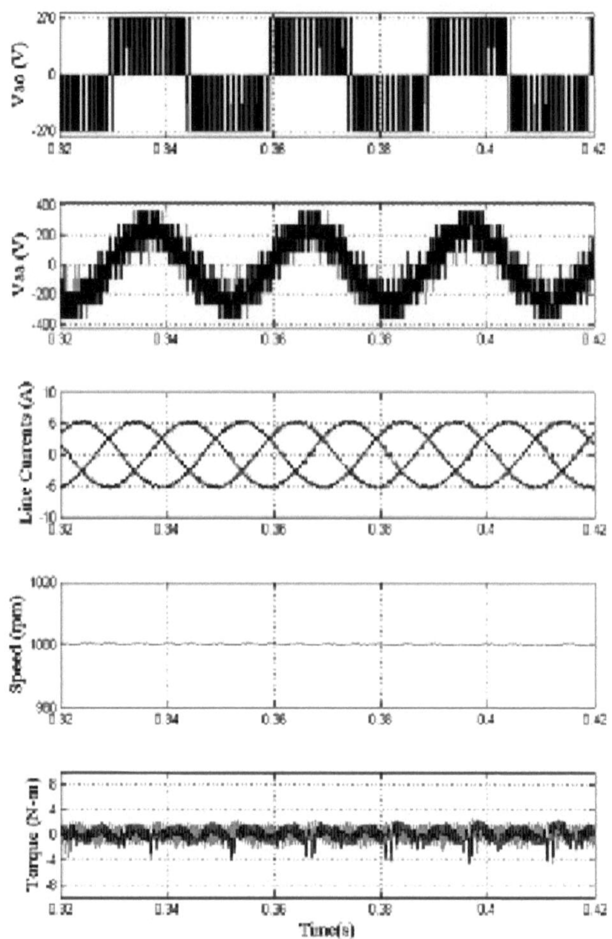

Fig. 6.24 Análise do estado estacionário da OEWIM alimentada de 3 níveis controlada por vetor com RCPWM acoplado à frequência de comutação de 1 kHz

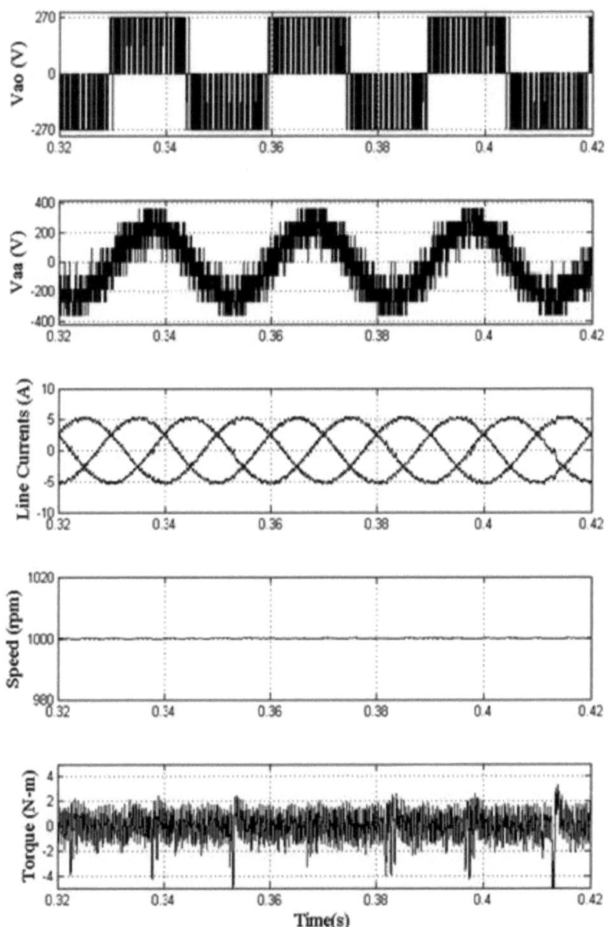

Fig. 6.25 Análise do estado estacionário da OEWIM alimentada de 3 níveis controlada por vetor com VSF-RPWM acoplado à frequência de comutação de 1kHz

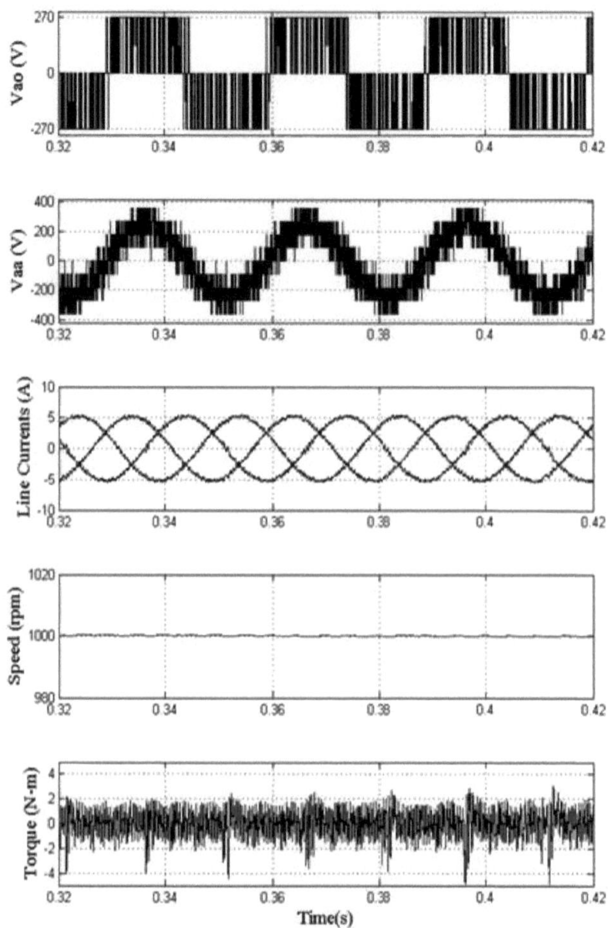

Fig. 6.26 Análise do estado estacionário da OEWIM alimentada de 3 níveis controlada por vetor com RCVSF-RPWM acoplado à frequência de comutação de 1kHz

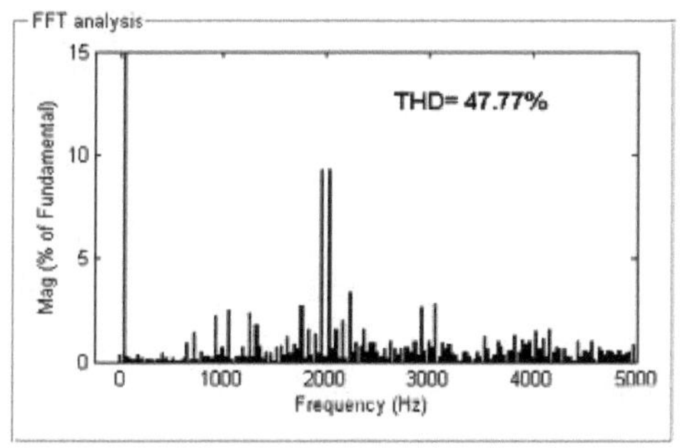
FFT analysis
THD= 47.77%
Mag (% of Fundamental)
Frequency (Hz)
15
10
5
0
0
1000
2000
3000
4000
5000

(a)

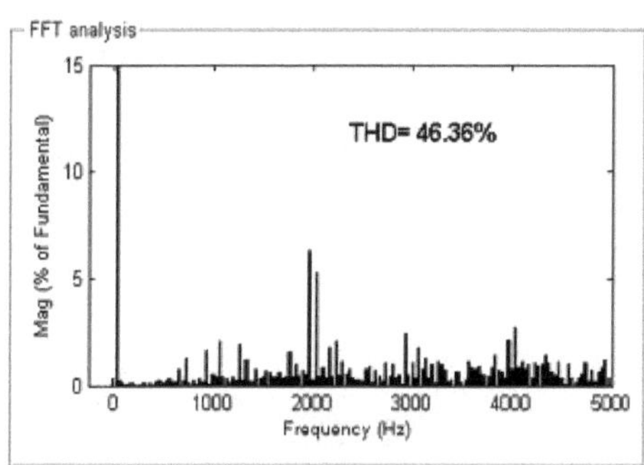
FFT analysis
THD= 46.36%
Mag (% of Fundamental)
Frequency (Hz)
15
10
5
0
0
1000
2000
3000
4000
5000

(b)

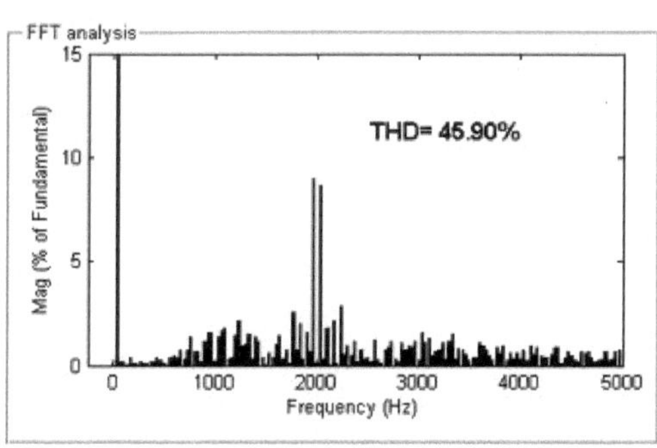
FFT analysis
THD= 45.90%
Mag (% of Fundamental)
Frequency (Hz)
15
10
5
0
0
1000
2000
3000
4000
5000

(c)

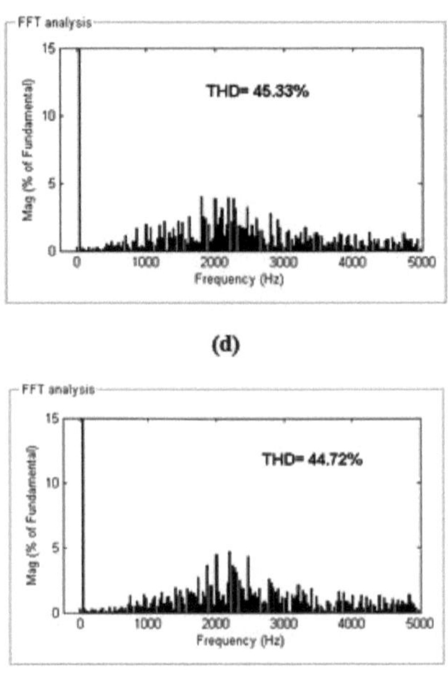

Fig. 6.27 Análise harmónica da tensão de fase efectiva a 1kHz com (a) SVPWM(b) RRPWM (c) RCPWM (d)VSF-RPWM (e) RCVSF-RPWM

Os resultados em estado estacionário do OEWIM com PWM aleatório acoplado à frequência de comutação de 1kHz são apresentados nas Fig. 6.22 a Fig. 6.27. Os níveis de tensão criados na tensão de fase efectiva têm uma magnitude de $\pm 2V_{dc}/3$, $\pm V_{dc}/2$, $\pm V_{dc}/3$, 0. A magnitude dos degraus de tensão é a mesma em todas as técnicas PWM, sendo apenas observada uma alteração na posição do impulso. Por conseguinte, as variações da THD são limitadas. Os inversores são comutados a uma frequência de 1 kHz. Assim, uma grande quantidade de energia concentra-se em 1 kHz e à volta de 1 kHz, 2 kHz.... Estas magnitudes harmónicas foram consideravelmente reduzidas com técnicas de PWM aleatórias acopladas a frequências de comutação variáveis.

6.7 Resumo:

Um OEWIM com controlo orientado para o campo e controlo v/f com diferentes estratégias PWM aleatórias acopladas é discutido neste capítulo. As magnitudes dos harmónicos são elevadas nos múltiplos das frequências de comutação e à volta deles com técnicas PWM convencionais. Para reduzir este fenómeno, são analisadas diferentes técnicas PWM aleatórias acopladas de frequência de comutação constante e variável. De entre todas as técnicas PWM acopladas, as técnicas PWM aleatórias de frequência de comutação variável reduziram a magnitude das harmónicas em torno de múltiplos de frequências de comutação. Assim, com a aleatorização dos impulsos, consegue-se uma distribuição do espetro de harmónicas.

Capítulo - 7

Conclusão

7.1 Conclusão:

Nos últimos anos, os métodos PWM baseados em accionamentos CA alimentados por VSI estão a tornar-se populares. Com efeito, tanto a tensão como a frequência podem ser reguladas simultaneamente no inversor sem utilizar qualquer hardware adicional. Entre as várias abordagens para a implementação de técnicas PWM, a abordagem de comparação de portadoras é simples e popular. Na abordagem de comparação de portadoras, os sinais de modulação serão comparados com o sinal dc portadora e, em seguida, os pontos de intersecção decidirão os instantes de comutação dos dispositivos do inversor. Neste livro, para gerar os sinais de modulação para o método SVPWM, é apresentada uma abordagem escalar simples, na qual os sinais de modulação são derivados através da variação de uma constante.

Para melhorar a qualidade da forma de onda com ruído acústico reduzido, são propostos vários métodos PWM aleatórios com uma frequência de comutação fixa e variável. São propostos dois algoritmos diferentes de PWM aleatório fixo, nomeadamente os métodos de referência aleatória e de portadora aleatória, utilizando a abordagem escalar. Para verificar os métodos PWM aleatórios de frequência fixa, foram efectuados estudos experimentais em accionamentos controlados por v/f. Além disso, foram efectuados estudos de simulação em motores de indução controlados por vectores em diferentes condições de funcionamento. A partir destes resultados, conclui-se que os métodos propostos apresentam um bom desempenho em relação ao método SVPWM.

Para melhorar ainda mais o espetro harmónico, são propostos métodos PWM aleatórios baseados em frequências de comutação variáveis. Estes métodos alteram a frequência de comutação ou selecionam um sinal portador aleatório com uma frequência aleatória. Em ambos os casos, a variação da frequência de comutação deve ser de$\pm$ 10% apenas para reduzir a complexidade envolvida na conceção dos filtros. Para verificar a eficácia dos métodos PWM aleatórios de frequência variável propostos, foram efectuados estudos experimentais em accionamentos controlados por v/f. Além disso, foram efectuados estudos de simulação numérica utilizando o MATLAB em accionamentos controlados por vectores. Os resultados mostram que os métodos de frequência de comutação variável propostos produzem distorção harmónica do tipo espetro alargado. Por conseguinte, conclui-se que estes métodos resultam numa redução do ruído acústico devido aos espectros de propagação.

Para melhorar ainda mais a qualidade da forma de onda da tensão, é proposta a configuração OEWIM para accionamentos de motores de indução. Nesta configuração, dois inversores de 2 níveis alimentarão dois inversores em cada lado da topologia. Para a configuração OEWIM, existem vários tipos de métodos PWM. Entre eles, o método PWM desacoplado é simples. Neste, os sinais de modulação de ambos os inversores serão considerados de forma oposta à fase e depois comparados com um sinal portador comum para a geração de impulsos. Para avaliar o desempenho, foram realizados estudos experimentais e de simulação no acionamento de motores de indução controlados por v/f e por vetor. A partir dos resultados, verificou-se que esta abordagem apresenta um bom desempenho quando comparada com o acionamento alimentado por um inversor de 2 níveis.

Para melhorar ainda mais a tensão de saída, é proposta uma abordagem PWM acoplada ao acionamento OEWIM. Nesta abordagem, à semelhança de um inversor com pinça de díodo, os sinais de modulação são comparados com sinais de portadora com deslocação de nível para a geração de impulsos. A eficácia é verificada através de estudos experimentais e de simulação em accionamentos de motores de indução controlados v/f e vectoriais. A partir dos resultados, pode observar-se que os métodos PWM aleatórios baseados na abordagem acoplada proposta apresentam um bom desempenho em relação a outros métodos.

REFERÊNCIAS

[1] Bimal K. Bose, "Modern Power Electronics and AC Drives" Pearson Education, 2004.

[2] D.W. Novotny e T.A. Lipo, "Vetor Control and Dynamics of AC Drives" Oxford University Press, Nova Iorque, 2003.

[3] D. A. Bradley, C. D. Clarke, R M. Davis, e D.A. Jones, "Adjustable Frequency Invertors and their Application to Variable Speed Drives", *IEE Proc.,* Vol. 111, No. 11, novembro de 1964.

[4] B. Mokrytzki, "Pulse width Modulated Inverters for AC Motor Drives", *IEEE Trans. on Ind. Gen. Appl.*, Vol. IGA-3, No. 6, Nov/Dez, 1967, pp 493 - 503.

[5] F. Blaschke, "The Principle of Field Orientation as Applied to the New Transvector Closed Loop Control System for Rotating-field Machines", *Siemens Review*, 1972, pp. 217-223.

[6] Rik W. De Doncker e Donald W. Novotny, "The Universal Field Oriented Controller", *IEEE Trans. Ind. Applicant,* Vol. 30, No. 1, Jan/Fev, 1994, pp. 92-100.

[7] T. Kume e T. Iwakane, "High-performance Vetor Controlled AC Motor Drives: Applications and New Technologies", *IEEE Trans. Ind. Appl.*, Vol. IA-23, No. 5, Set/Out, 1987, pp. 872-880.

[8] W. Leonhard, "30 Years of Space Vectors, 20 Years of Field Orientation, 10 Years of Digital Signal Processing with Controlled AC-drives, a Review (Part1)", *EPE Journal, n.º* 1, julho de 1991, pp. 13-20.

[9] W. Leonhard, "30 Years of Space Vectors, 20 Years of Field Orientation, 10 Years of Digital Signal Processing with Controlled AC-Drives, a Review (Part 2)", *EPE Journal,* No. 2, Oct, 1991, pp. 89-102.

[10] J. A. Santisteban e R. M. Stephan, "Métodos de controlo vetorial para sistemas de indução

Máquinas: An Overview", *IEEE Trans. On Education,* Vol. 44, No. 2, maio, 2001, pp. 170-175.

[11] Tsugutoshi Othani, Noriyuki Takada e Koji Tanaka, "Controlo Vetorial do Motor de Indução sem Codificador de Eixo", *IEEE Trans. Ind. Appl.,* Vol. 28, No. 1, Jan/Fev, 1992, pp.157-164.

[12] Joachim Holtz, "Sensorless Control of Induction Motor Drives", in *Proc. IEEE,* Vol. 90, No. 8, Aug, 2002, pp.1359-1394.

[13] Joachim Holtz, "Sensorless Speed and Position Control of Induction Motors", *Tutorial in Proc. IEEE IECON,* Nov, 29-Dez, 2, 2001.

[14] Isao Takahashi e Toshihiko Noguchi, "A New Quick-Response and HighEfficiency Control Strategy of An Induction Motor", *IEEE Trans. Ind. Applicat*, Vol. IA-22, No. 5, Set/Out, 1986, pp. 820-827.

[15] M. Depenbrock, "Diret-self Control (DSC) of Inverter-Fed Induction Machine", *IEEE Trans. Power Electron*, Vol. 3, No. 4, Oct,1988, pp. 420-429.

[16] Domenico Casadei, Francesco Profumo, Giovanni Serra, e Angelo Tani, "FOC and DTC: Two Viable Schemes for Induction Motors Torque Control", *IEEE Trans. Power Electron,* Vol. 17, No. 5, Sep, 2002, pp. 779-787.

[17] Joachim Holtz, "Pulsewidth Modulation - A Survey" *IEEE Trans. Ind. Electron,* Vol. 39, No. 5, Dec, 1992, pp. 410-420.

[18]Joachim Holtz, "Pulsewidth Modulation for Electronics Power Conversion", em *Proc. IEEE,* Vol. 82, No. 8, Aug, 1994, pp. 1194-1214.

[19]Heinz Willi Vander Broeck, Hnas-Christoph Skudelny e Georg Viktor Stanke, "Analysis and Realization of A Pulsewidth Modulator Based on Voltage Space Vectors", *IEEE Trans. Ind. Applicat.,* Vol. 24, No. 1, Jan/Fev 1988, pp. 142-150.

[20]P.G. Handley e T.J. Boys, "Space Vetor Modulation: An Engineering Review", *IEE 4th International Conference on Power Electronics and Variable Speed Drives, Conf. Pub.* 324, 1990, pp. 87-91.

[21]Johann W. Kolar, Hnas Ertl e Franz C. Zach, "Influence of the Modulation Method on the Conduction and Switching Losses of a PWM Converter System", *IEEE Trans. Ind. Applicat,* Vol. 27, No. 6, Nov/Dez, 1991, pp. 1063-1075.

[22]Dae-Woong Chung e Seung-Ki Sul, "Minimum-loss Strategy for Three- Phase PWM Rectifier", *IEEE Trans. Ind. Electron,* Vol. 46, No. 3, Jun, 1999, pp. 517-526.

[23]Andrez M. Trzynadlowski, R. Lynn Kirlin e Stanislaw F. Legowski, "Space Vetor PWM Technique with Minimum Switching Losses and a Variable Pulse Rate", *IEEE Trans. Ind. Electron,* Vol. 44, No. 2, Apr, 1997, pp. 173-181.

[24]Keliang Zhou e Danwei Wang, "Relationship between Space-Vetor Modulation and Three-Pahse Carrier-Based PWM: A Comprehensive Analysis", *IEEE Trans. Ind. Electron,* Vol. 49, No. 1, Feb, 2002, pp. 186-196.

[25]G. Narayanan e V.T. Ranganathan, "Triangle Comparison and Space Vetor Approaches to Pulsewidth Modulation in Inverter Fed Drive", *Journal of Indian Institute of Science*, Set/Out, 2000, pp. 409-427.

[26]Joohn-Sheok Kim e Seung-Ki Sul, "A Novel Voltage Modulation Technique of The Space Vetor PWM", *Proc. IPEC,* Yokohama, Japão, 1995, pp. 742-747.

[27]Dae-Woong Chung, Joohn-Sheok Kim e Seung-Ki Sul, "Unified Voltage Modulation Technique for Real-Time Three-Phase Power Conversion", *IEEE Trans. Ind. Applicat,* Vol. 34, No. 2, Mar/Abr, 1998, pp. 374-380.

[28]Ahmet M. Hava, Russel J. Kerkman e Thomas A. Lipo, "Simple Analytical and Graphical Methods for Carrier-Based PWM-VSI Drives", *IEEE Trans. Power Electron,* Vol. 14, No. 1, Jan. 1999, pp. 49-61.

[29]Ahmet M. Hava, Russel J. Kerkman e Thomas A. Lipo, "A HighPerformance Generalized Discontinuous PWM Algorithm", *IEEE Trans. Ind. Applicat,* Vol. 34, No. 5, Sep/Out, 1998, pp. 1059-1071.

[30]Olorunfemi Ojo, "The Generalized Discontinuous PWM Scheme for Three- phase Voltage Source Inverters", *IEEE Trans. Ind. Electron,* Vol. 51, No. 6, Dec, 2004, pp. 1280-1289.

[31]Vladimir Blasko, "Analysis of a Hybrid PWM based on Modified SpaceVector and Triangle-comparison Methods", *IEEE Trans. Ind. Applicat,* Vol. 33, No. 3, maio/Jun, 1997, pp. 756-764.

[32]Antonio Cataliotti, Fabio Genduso, Angelo Raciti, e Giuseppe Ricco Galluzzo, "Generalized PWM-VSI Control Algorithm Based on a Universal Duty-Cycle Expression: Theoretical Analysis, Simulation Results, and Experimental Validations", *IEEE transactions on Ind. Electron*, Vol. 54, No. 3, junho, 2007, pp 1569-1580.

[33]Edison Roberto C.Da Silva, Euzeli Cipriano Dos Santos, Jr., e Cursino Brandao Jacobina, "Estratégias de Modulação por Largura de Pulso", *Revista IEEE IE,* 2011, pp. 37-45.

[34] G.A. Covic e J.T. Boys, "Noise Quieting with Random PWM AC Drives", *IEE Proc. Electr Power Appl.*, Vol. 145, No. 1, Jan, 1998, pp. 1-10.

[35] Hui, S.Y.R. Sathiakumar, S e Ki-Kwong Sung, "Novel Random PWM Schemes with Weighted Switching Decision", *IEEE Trans. on Power Electron,* 1997, pp. 945-952.

[36] Yash Shrivastava, S. Sathiakumar e S. Y. (Ron) Hui, "Improved Spectral Performance of Random PWM Schemes with Weighted Switching Decision", *IEEE Trans. on Power Electron,* Vol.13, No. 6, Nov, 1998, pp. 1038-1045.

[37] K. K. Tse, H. S. H. Chung, S. Y. Huo, e H. C. So, "Analysis and Spectral Characteristics of A Spread Spectrum Technique for Conducted EMI Suppression", *IEEE Trans. Power Electron*, Vol. 15, No. 3, março, 2000, pp. 399-410.

[38] Andrzej M. Trzynadlowski, Frede Blaabjerg, John K. Pedersen, R. Lynn Kirlin, e Stanislaw Legowski, "Random Pulse Width Modulation Techniques for Converter-Fed Drive Systems - A Review", *IEEE Trans. Ind. Applic.,* Vol. 30, No. 5, Set/Out, 1994, pp. 1166-1175.

[39] S.H. Na, Y.G. Jung. Y.C. Lim e S.H. Yang, "Reduction of Audible Switching Noise in Induction Motor Drives Using Random Position Space Vetor PWM", *IEE Proc-Elec. Power Appl.*, Vol. 149, No. 3, maio, 2002, pp. 195-200.

[40] F. Mihalic e D. Kos, "Reduced Conductive EMI in Switched-mode DC-DC Power Converters without EMI Filters: PWM Versus Randomized PWM", *IEEE Trans. Power Electron*, Vol. 21, No. 6, Nov, 2006, pp. 1783-1794.

[41] Frede Blaabjerg, John K. Pedersen, Ewen Ritchie e Peter Nielsen, "Determination of Mechanical Resonances in Induction Motors by Random Modulation and Acoustic Measurement", *IEEE Trans. on Ind. Appl.*, Vol. 31, No. 4, Jul/Ago, 1995, pp. 823-829.

[42] Michael M. Bech, John K. Pedersen, Frede Blaabjerg, e Andrzej M. Trzynadlowski, "A Methodology for True Comparison of Analytical and Measured Frequency Domain Spectra in Random PWM Converters", *IEEE Trans. on Power Electron*, Vol. 14, No. 3, maio, 1999, pp. 578-586.

[43] Michael M. Bech, Frede Blaabjerg e John K. Pedersen, "Random Modulation Techniques with Fixed Switching Frequency for Three-Phase Power Converters", *IEEE Trans. on Power Electron*, Vol. 15, No.4, julho, 2000, pp. 753-761.

[44] Michael M. Bech, John K. Pedersen e Frede Blaabjerg, "Field-Oriented Control of an Induction Motor Using Random Pulse width Modulation", *IEEE Trans. Ind. Applicat*, Vol. 37, No. 6, novembro/dezembro, 2001.

[45] Y.S. Lai, "Sensorless Speed Vetor Controlled Induction Motor Drives Using New Random Technique for Inverter Control", *IEEE Trans. on Energy Conversion*, Vol. 14, No. 4, Dec, 1999, pp. 1147-1155.

[46] J.L.Shyu, T.J.Liang, e J.F.Chen, "Digitally Controlled PWM Inverter Modulated by Multi-Random Technique with Fixed Switching Frequency", *IEE Proc. Electr. Power Appl.*, Vol. 148, No. 1, Jan, 2001, pp. 62-68.

[47] Andrzej M. Trzynadlowski, Michael M. Bech, Frede Blaabjerg, John K. Pedersen, R. Lynn Kirlin, e Mauro Zigliotto, "Optimization of Switching Frequencies in the Limited-Pool Random Space Vetor PWM Strategy for Inverter-Fed Drives", *IEEE Trans. on Power Electron*, Vol. 16, No. 6, Nov, 2001, pp. 852-857.

[48] Andrzej M. Trzynadlowski, Konstantin Borisov, Yuan Li, e Ling Qin, "A Novel Random PWM Technique with Low Computational Overhead and Constant Sampling Frequency for High-Volume, Low-Cost Applications", *IEEE Trans. on Power Electron*,

Vol. 20, No. 1, Jan, 2005, pp. 116-122.

[49]Konstantin Borisov, Thomas E. Calvert, John A. Kleppe, Elaine Martin, e Andrzej M. Trzynadlowski, "Experimental Investigation of a Naval Propulsion Drive Model With the PWM-Based Attenuation of the Acoustic and Electromagnetic Noise", *IEEE Trans. on Ind. Electron*, Vol. 53, No. 2, abril, 2006, pp. 450-457.

[50]Steven E. Schulz, e Daniel L. Kowalewski, "Implementation of VariableDelay Random PWM for Automotive Applications", *IEEE Trans. on Vehicular Technology*, Vol. 56, No. 3, maio, 2007, pp.1427-1433.

[51]Ki-Seon Kim, Young-Gook Jung, e Young-Cheol Lim, "A New Hybrid Random PWM Scheme", *IEEE Trans. on Power Electron*, Vol. 24, No. 1, Jan, 2009, pp. 192-200.

[52]Young-Cheol Lim, Seog-Oh Wi, Jong-Nam Kim, e Young-Gook Jung, "A Pseudorandom Carrier Modulation Scheme", *IEEE Trans. on Power Electron,* Vol. 25, No. 4, Abr, 2010, pp. 797-805.

[53]Laszlo Mathe, Florin Lungeanu, Dezso Sera, Peter Omand Rasmussen, John K. Pedersen, "Spread Spectrum Modulation by Using Asymmetric - Carrier Random PWM", *IEEE Trans. on Ind. Appl.*, Vol.59, No.10, Oct, 2012, pp. 3710-3718.

[54]Hamid Khan, El-Hadj Miliani e Khalil El Khamlichi Drissi, "Modulação Vetorial Espacial Aleatória Descontínua para Accionamentos Eléctricos: A Digital Approach", *IEEE Trans. on Power Electron,* Vol.27, No.12, Dec, 2012, pp. 4944-4951.

[55]Yen-Shin Lai, Ye-Then Chang, Bo-Yuan Chen, "Nova técnica PWM de comutação aleatória com frequência de amostragem constante e corrente média indutora constante para conversor controlado digitalmente", *IEEE Trans. on Ind. Electron,* Vol. 60, No. 8, Aug, 2013, pp. 3126-3135.

[56]G. Narayanan, Di Zhao, H. Krishnamurthy e Rajapandian Ayyanar, "Space Vetor Based Hybrid Techniques for Reduced Current Ripple", *IEEE Trans. Ind. Applic.*, Vol. 55, No.4, abril, 2008, pp.1614-1626.

[57]Di Zhao, V. S. S. Pavan Kumar Hari e G. Narayanan, "Space Vetor Based Hybrid Pulse Width Modulation Techniques for Reduced Harmonic Distortion and Switching Loss", *IEEE Transactions on Power Electron,* Vol. 25, Issue 4, March, 2010, pp.760-774.

[58]T. Brahmananda Reddy, J. Amarnath e D. Subbarayudu, "Improvement of DTC Performance by using Hybrid Space Vetor Pulsewidth Modulation Algorithm", *International Review of Electrical Engineering*, Vol. 4, No. 2, Jul- Aug, 2007, pp. 593-600.

[59]A. C. Binojkumar, J. S. Siva Prasad e G. Narayanan, "Investigação experimental sobre o efeito da modulação de largura de pulso de fixação de barramento avançada no ruído acústico do motor", *IEEE Trans. on Ind. Electron,* Vol. 60, No. 2, Feb, 2013, pp.433-439.

[60]A. C. Binojkumar, B. Saritha, e G. Narayanan, "Acoustic Noise Characterization of Space-Vetor Modulated Induction Motor Drives - An Experimental Approach", *IEEE Trans. Ind. Electron,* Vol. 62, No. 6, junho, 2015, pp. 3362-3371.

[61]A. C. Binoj Kumar e G. Narayanan, "Variable-Switching Frequency PWM Technique for Induction Motor Drive to Spread Acoustic Noise Spectrum With Reduced Current Ripple", *IEEE Trans. Ind. Appl.,* Vol. 52, No. 5, Set/Out, 2016, pp. 3927-3938.

[62]Seung-Yeol Oh, Young-Gook Jung, Seung-Hak Yang e Young-Cheol Lim, "Efeitos de propagação do espetro harmónico do esquema PWM de distribuição aleatória centrada em duas fases (DZRCD) com vectores zero duplos", *IEEE Trans. on Ind. Electron*, Vol.

56, No. 8, Aug, 2009, pp. 3013-3020.

[63]Yen-Shin Lai, e Ye-Then Chang, "Design and Implementation of Vetor- Controlled Induction Motor Drives Using Random Switching Technique with Constant Sampling Frequency", *IEEE Trans. on Power Electron,* Vol. 16, No. 3, May, 2001, pp. 400-409.

[64]R. Lynn Kirlin, Michael M. Bech e Andrzej M. Trzynadlowski, "Analysis of Power and Power Spectral Density in PWM Inverters with Randomized Switching Frequency", *IEEE Trans. On Industrial Electron.* Vol. 49, No. 2, abril, 2002, pp.486-499.

[65]Hamid Soltani, Pooya Davari, Firuz Zare, Poh Chiang Loh e Frede Blaabjerg, "Caracterização de inter-harmónicos de corrente de entrada em variadores de velocidade ajustáveis", *IEEE Trans. Power Electron,* Vol. 32, No.11, Nov, 2017, pp. 8632-8643.

[66]Hamid Soltani, Pooya Davari, Firuz Zare e Frede Blaabjerg, "Efeitos das técnicas de modulação nos inter-harmónicos da corrente de entrada dos variadores de velocidade ajustáveis", *IEEE Trans. on Ind. Electron,* Vol. 65, No. 1, Jan, 2018, pp. 167-178.

[67]Rabiaa Gamoudi, Dhia Elhak Chariag e Lassaad Sbita, "A Review of Spread-Spectrum-Based PWM Techniques - A Novel Fast Digital Implementation", *IEEE Trans. on Power Electron,* Vol. 33, No. 12, Dec, 2018, pp. 10292-10307.

[68]Y. Huang, Y. Xu, Y. Li, G. Yang e J. Zou, "Cancelamento de ruído de tensão de frequência PWM em VSI trifásico usando a nova estratégia SVPWM", *IEEE Trans. Power Electron,* Vol. 33, No. 10, Oct, 2018, pp. 8596-8606.

[69]Yingliang Huang, Yongxiang Xu, Wentao Zhang e Jibin Zou, "Técnica híbrida RPWM baseada em SVPWM modificado para reduzir o ruído acústico PWM", *IEEE Trans. on Power Electron,* Vol. 34, No. 6, Jun, 2019, pp. 56675674.

[70]Kevin Lee, Guangtong Shen, Wenxi Yao e Zhengyu Lu, "Performance Characterization of Random Pulse Width Modulation Algorithms in Industrial and Commercial Adjustable-Speed Drives", *IEEE Trans. Ind. Appl.,* Vol. 53, No. 2, Mar/Abr, 2017, pp. 1078-1087.

[71]M. A. Hannan, Jamal Abd Ali, Azah Mohamed e Mohammad Nasir Uddin, "Um controlador de inversor PWM de vetor espacial baseado em regressão de floresta aleatória para o acionamento do motor de indução", *IEEE Trans. on Ind. Electron,* Vol. 64, No. 4, Abr, 2017, pp. 2689-2699.

[72]Dong Jiang e Fei (Fred) Wang, "Variable Switching Frequency PWM for Three-Phase converters based on Current Ripple Prediction", *IEEE trans. on Power Electron,* Vol. 28, No. 11, Nov, 2013, pp 4951-4961.

[73]Yakov L. Familiant e Alex Ruderman, "Discussão de uma técnica de PWM de frequência de comutação variável para acionamento de motor de indução para espalhar o espetro de ruído acústico com ondulação de corrente reduzida", *IEEE Trans. on Ind. Appl.,* Vol. 52, No. 6, Nov/Dez, 2016, pp. 5355.

[74]A. Nabae, I. Takahashi, e H. Akagi, "A New Neutral-point-clamped PWM Inverter", *IEEE Trans. Ind. Appl.*, Vol. IA-17, No. 5, Set/Out, 1981, pp. 518523.

[75]Jose Rodriguez, Jih-Sheng Lai e Fang Zheng Peng, "Multilevel Inverters: A Survey of Topologies, Control, and Applications", *IEEE Trans. on Ind. Elec.*, Vol. 49, No. 4, Aug, 2002.

[76]Jose Rodriguez, Steffen Bernet, Peter K. Steimer, e Ignacio E. Lizama, "A Survey on Neutral-Point-Clamped Inverters", *IEEE Trans. Ind. Electron,* Vol. 57, No.7, julho, 2010, pp. 2219-2230.

[77]A. R. Beig, G. Narayanan e V. T. Ranganathan, "Algoritmo SVPWM modificado

para VSI de três níveis com formas de onda sincronizadas e simétricas", *IEEE Trans. On Ind. Electron,* Vol. 54, No.1, Feb, 2007, pp. 486- 494.
[78]

Printed by Books on Demand GmbH, Norderstedt / Germany